Xmobileという偶然
あなたにも、奇跡を起こす勇気が、きっと。

今日、不可能でも明日可能になる。

エックスモバイル株式会社
代表取締役社長
木野将徳
東京都東村山市議会議員
鈴木たつお
法政大学大学院
経営学研究科教授
新倉貴士
[共著]

日本地域社会研究所
コミュニティ・ブックス

目次

はじめに

木野将徳　エックスモバイル株式会社　代表取締役

2019年8月16日　都内某スタジオ

19歳で起業して18年間、僕は失敗ばかりの起業家人生だった。

最初に起業した会社は、ある日行ったらもぬけの殻。

ホームレスで路上生活をしながら、空き缶やスクラップを金に変えた。

2回目の起業のときは、仲間割れで自分が創業した会社をクビになった。

何度も挑戦しては失敗し、逃げるようにマレーシアに行った。

人生最後の起業にしようと、エックスモバイルを始めたあとも、地獄のような資金繰りの日々だった。


CMへの投資は約1億円。

（撮影費、タレントやスタッフへのギャラ、発表会費用、最初の1年間で流す費用……）

これでダメなら、あと何年、地獄の資金繰りを続けなければならないだろう。

僕はこの日、これまでの起業家人生を少しだけ振り返りながら、と同時にエックスモバイルへのいろんな期待と、覚悟をしながら、人生で初めての全国版CMを氷川きよしさんを起用して撮影していた。しかも、自ら総監督を務めながら。

氷川きよし：「きよしのケータイ、エックスモバイル。格安スマホにすれば――」
僕：きよしさん、もう一度お願いします！
氷川きよし：「きよしのケータイ、エックスモバイル。格安スマホにすれば――」
僕：すいません！　あと1回だけいいですか？

僕の目の前で、同じセリフを11回言い直す氷川さんの姿があった。真夏の撮影スタジオ。時間は刻々と過ぎていく。人気歌手として普段からハー

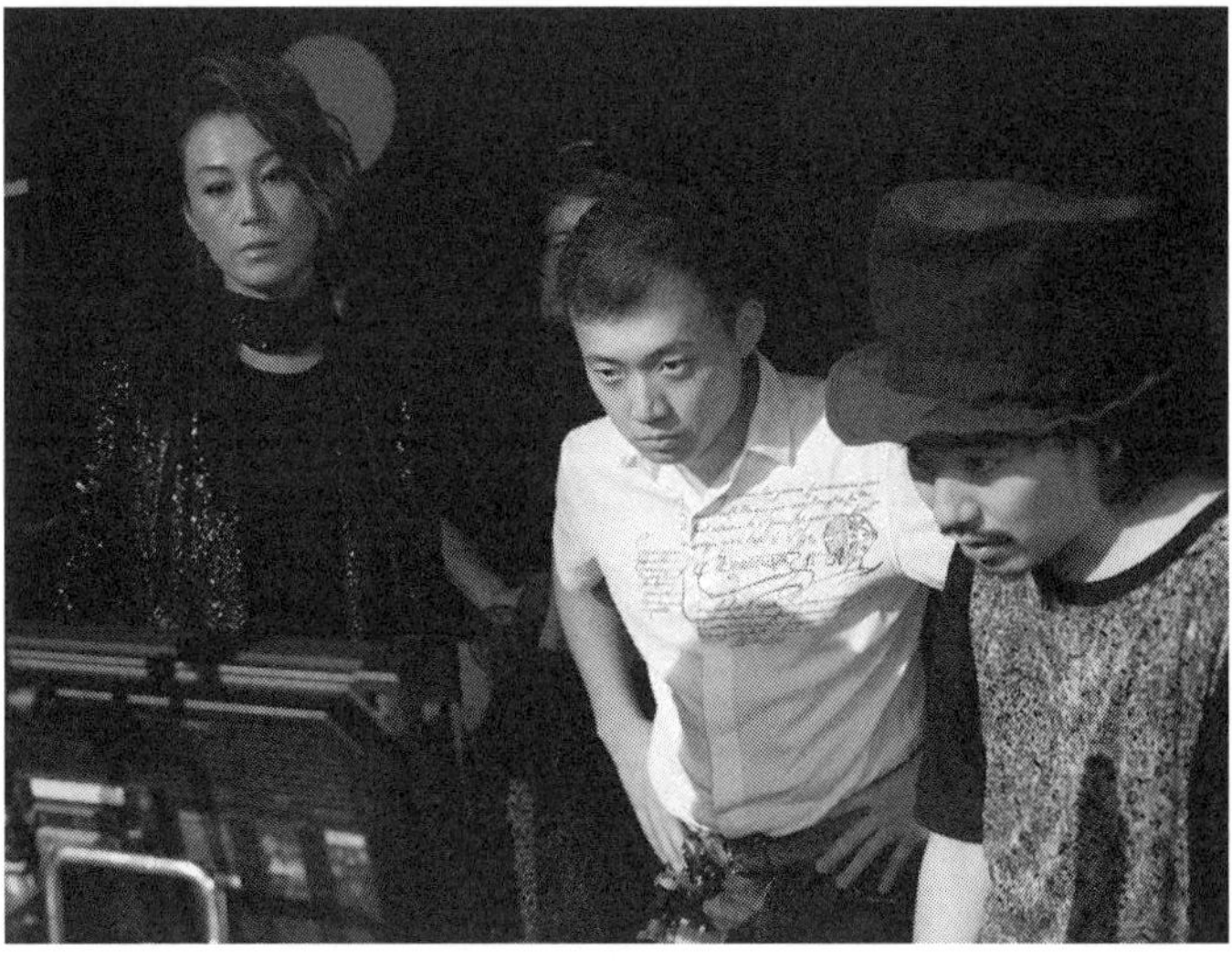

ドなスケジュールをこなしている氷川さんにも、疲れの表情がみえてきていた。

有名なハズキルーペのCMは、社長である松村さんが自ら総監督を務め、自ら撮影した、というのを聞き、松村さんに「木野君もそうしなさい」と言われて、真似事のように撮影現場に立っていた。人生で初めてのCM撮影を、1ミリの妥協もなくやり遂げるよう、全力を尽くそうとしていた。でも、僕はずぶの素人に変わりない。

もしかしたら、氷川さんにも現場のみんなにも迷惑をかけているのかもしれない。こんなにも時間がかかってしまった。

さすがにもう限界か――。そう思って、僕は次のテイクで「OK」と言った。

でも、氷川さんが返してくれた言葉は、「木野さん、まだできます！」だった。僕の気持ちを感じてくれたのか、そのあとも何度も言い直してくれたのだ。

何テイクめかわからなくなるほどだったが、僕らは納得いくまで撮影を続けた。

「今日という日は死ぬまで忘れないな」

長時間にわたるCM撮影をすすめる中、何度も僕はそう思った。


はじめまして。

僕はエックスモバイルという格安携帯会社を創業し、現在も社長をしている木野将徳といいます。木野将徳もエックスモバイルも誰も知らないと思います。

でも、「格安携帯」は、ご存じの方も多いと思います。

僕はまだ「格安携帯」という言葉も、概念も、日本に存在しなかったとき（そもそも、格安携帯という言葉は好きではないのですが）、たまたま飛行機の隣の席に座ってきた一人のウィルコム（現ワイモバイル）の元役員との出会いから、格安携帯エックスモバイルを起業しました。

自分の、人生最後の起業にしよう、と覚悟を決めて。

そんなカッコつけたことを言っていますが、エックスモバイルを起業する時点での僕の状況を聞いたら、全員が例外なくドン引きすると思います。

今の僕だったら、当時の僕と会話をするのも嫌かもしれません（笑）。

一例をあげると、
1．事業の失敗で銀行やヤミ金、個人の金貸しから借金約1億円（しかも滞納中）
2．携帯電話代未払いによって携帯ブラック
3．すべてのクレジットカードのブラックリスト
4．家賃が払えず強制退去して、家なくネットカフェ難民
5．全財産5万円
などなど……。あげればきりがないですが、これはごく一部。怖い人たちから追い込みをかけられてたり、返済ができなくてボコボコに殴られて病院送りになったり、書きたくもないことがまだまだたくさんあります。

社会のド底辺、底辺どころか地底にいた僕でも「熱い情熱を持って行動すれば、道は拓けて成功する！　だからみんなもがんばろう！」という話であれば、この本はよくある綺麗なストーリーになるけど、残念ながらそうではないです。

綺麗なストーリーは他にたくさんあるので、そういう成功本を読んでモチベーションを上げたい、という方は遠慮なくここで読むのをやめて、隣にあるよさそうな成功本を読んでくださ

い。ここまで読んでくれただけでもうれしく思います。

僕は今も、もがき苦しみ、悩み、毎日、自分の能力のなさに落ち込んでいます。

ガラスを飲むような100億円以上の資金繰り、幾度とない意思決定ミスによる時間と莫大な金の浪費。起業したての頃はミスっても、自分が苦しむだけで済んだのですが、今はエックスモバイルも200店舗近くになり、意思決定を間違えば、大勢の店長やスタッフ、数百社の代理店の時間とお金を毀損してしまいます。

365日、毎日16時間以上働いていて、これ以上何をしたらうまくいくのか、わからない……。そうやって、毎日もがきながら、いまも仲間とともにエックスモバイルを少しでも前進させようと、あがいています。

この本は、成功した起業家の本ではなく、もがき苦しむ一人の起業家のリアル、過去と現在を脚色なくそのまま書いています。

通信もマーケティングもド素人で、格安携帯会社を立ち上げた起業家の僕。ウィルコムの元役員で、現在は政治家の鈴木たつおさん。本書は、この二人で主な部分を書き、マーケティングの第一人者である法政大学大学院の新倉貴士教授に解説をしていただきました。
これから起業する人や、いま、僕と同じようにもがいている起業家、最近ホットな格安携帯に興味がある人に、読みごたえのある本になったらいいな、と思っています。

ちなみに僕は、中途半端に成功している会社の社長が本を出す、そしてその後、会社が成長しない、あるいは、つぶれるという事例をたくさん見てきました。だから僕は絶対に本を出さない。そう心に決めていました。本を出す価値が自分にあるとは、とても思えないというのもありますが。
どうして中途半端な会社の社長が本を出すと、そのあと成功しないことが多いんだろう。なぜだろう？と、僕なりに分析すると、壮絶な立ち上げを終え、会社が軌道に乗ったり、上場したり、創業社長にとってはひとつの試練を終えて、ほっとできる踊り場のようなとき――。「その時」こそが、社長が会社のことだけを考え、会社を次のステージに導かないといけないのにもかかわらず、出版ということに貴重な時間と脳みそを割いてしまい、会社を成長させる一手一手が遅くなるからだ、と思っていました。

そのジンクスに乗りたくない。という恐怖心はあるのですが、今、僕は踊り場でもなんでもなく現在進行系で、昨日も今日も、もがいている中で、鈴木たつおさんと新倉教授からのお誘いがあったのと、緊急事態宣言で少しだけできた隙間時間で書き切れれば、と思い、チャレンジしてみようと思いました。本を出すことによってエックスモバイルの知名度や信用が上がったらいいな、という下心もあります（笑）。

・ツイッターアカウント
https://twitter.com/MasanoriKino
・インスタグラムアカウント
https://www.instagram.com/masanorikino/

この「はじめに」だけでも読んでくれたらうれしいですし、1ページでも多く読んでもらえて、、こういう奴がいるってことを知ってくれたら、この上ない幸せです。

２０２１年５月

木野社長のインスタグラム。全国各地を飛びまわっている様子をうかがうことができます。

はじめに

鈴木たつお　東京都東村山市議会議員

腐った通信行政の改革が健全な日本のＩＴ産業を育成する

私は、東京都東村山市の市議会議員をしています。大学を卒業し40代の中頃までは、ＩＴ業界で20年間働いてきました。議員をめざしたきっかけは、自分が経営陣として働いていたウィルコム（現在はソフトバンク社でワイモバイルのブランド）が倒産して、企業再生をするための役員として働いたことでした。

大手企業も間違った舵取りをすれば倒産する。当時、夕張市の行政破綻というショッキングなニュースがありましたが、行政も舵取りを間違えると経営破綻をします。自分が経験した企業再生を、再建で苦しむ行政で役立てたいという思いが私を政治の世界に突き動かしました。

それともう一つ、政治家をめざした理由がありました。

これは、今まで公表していなかったことですが、ウィルコムの倒産の原因にも影響した「日本の通信行政」を変えたかったからです。

昨今、通信会社の経営陣と総務省との関係が問題視され、報道されていますが、私がウィルコムの経営陣をしていたころから、総務省とのおかしな関係はありました。なぜ、このようなことを通信事業者が行なっているかというと、通信は免許事業であり、その免許権者が総務省だからです。

新しい通信サービスを開始するには、周波数帯を取得しなくてはなりません。この周波数帯を取得するのに、海外ではオークションが行なわれます。決定プロセスがシンプルです。資本的に余裕のある企業が結果的に免許を取得するので、取得後に事業の継続が厳しくなることはありえません。

日本では、総務省が「厳格な審査」を行ない、決定します。しかしこの〝厳格〟といわれる審査が今、まさに問題になっています。東北新社の免許事業も総務省の「厳格な審査」が行なわれていたはずですが、結果的に、審査プロセスに重大な瑕疵（かし）（※）が見つかったと総務大臣が自ら釈明会見を行ないました。

（※瑕疵：①きずや欠点②〔法〕法律上、何らかの欠点があること）

今さら、このような問題が明るみになること自体に驚きを感じました。私がウィルコムの倒産を経験したころ、きちんと問題提起され解決していれば、あるいは、もし日本の通信行政がオープンであれば、日本のＩＣＴ産業は今よりも格段に成長したはずです。ＳＩＭロックによって、日本が本来得意であった通信端末の政界進出が出遅れました。また寡占市場により、健全な競争が行なわれることなく、世界でも有数の高額通信費用国になっています。

現在、政府は通信料金を下げることに躍起になっていますが、実はそれよりも問題なのは、間違った通信行政を10年以上も放置したために、日本のＩＣＴ産業の成長の芽が奪われたことです。日本の国力を落としたと言っても過言ではありません。

20世紀は、製鉄によって国が栄えて、やがて自動車と電器が外貨を稼ぐ日本の基幹産業に成長しました。21世紀、車や電器は韓国や中国などに市場を奪われています。

一方で、日本に車や電器で市場を奪われたアメリカはＩＣＴサービス産業で再び息を吹き返しています。日本は、どうしてアメリカのようなＩＣＴサービス産業で成長ができなかったのでしょうか。

それは、まさに、免許権者による間違った規制やコントロールが行なわれたからです。

私がここで、あえてＩＣＴという言葉を使うのには理由があります。そもそも私がウィルコムに勤務する前に勤めていたマイクロソフトのようなソフト会社では免許は不要です。誰でも参入できる産業です。一方で、通信は認可と免許により規制がされているので、誰でも参入できる産業ではありません。20世紀は通信産業とソフトウエア産業は別物でした。

しかし、20世紀の終わりに通信とソフトが融合したASP（アプリケーション・サービス・プロバイダ）が始まり、クラウドコンピューティングに発展していきます。通信とソフトの融合サービスです。同じように通信と放送も融合していきます。

放送やソフトウエアが通信と融合し、さまざまなサービスが生まれています。米国のネットフリックスやアマゾンなどはその代表例です。

アマゾンのAWS（クラウドコンピューティング）などは桁外れの収益を生む事業になっています。もし､日本にこのような産業が生まれていたら日本はどうなっていたでしょうか。もし、日本がオープンな通信行政のかじ取りをしていれば、もっと多くのベンチャーがICT産業に参入して、さまざまなサービスが生まれていたのではないでしょうか。

そう考えると、この数十年の通信行政の停滞が残念でならないのです。モノづくりが得意な日本です。製造業と通信が融合するIOTは、本当であれば、もっと大きく成長していたことでしょう。

木野さんとエックスモバイルを立ち上げた理由は、このような腐った日本のICT市場を変えたい。そして、そこに挑む若い木野社長を応援し、日本の将来を考え、自分が少しでも制度を変える立場に近づきたいという思いで政治に挑みました。

サラリーマン出身で何もコネがない私は地方議員になることさえも大変で、当選するのに必死でした。そして、なってみたところで、地方議員に制度そのものを変える力はありません。しかし、声を上げることはできます。そして何よりも、この腐った市場に果敢に攻めていく企業を応援することもできます。

私は、エックスモバイル以外にも応援した企業が他に二社あります。今より若い時分でしたので少ない貯金の中からでしたが、そこを叩いて出資し、応援しました。現在は、二社とも上場して、一社は現在、一部上場企業にまで成長しました。当時は、将来上場することなどは予測できませんでした。

しかし私は、このＩＣＴ業界の発展が日本の国力を上げる次の産業に成長すると信じて、応援し続けてきたのです。現在も得た利益は、ＩＣＴ業界で果敢に攻めるベンチャー企業や、若き社長に投資しています。私が行なっていることは、ちっぽけなことです。しかし議員になった今でも、ベンチャーを支援し、投資することはやめていません。それは、日本の未来を変えるキッカケをつくりたいからです。

この本は、木野さんと私が出会い、想いを一つにして会社をつくり、もがき続けている最中の話です。決して、成功話ではありません。

しかしこの本を読んだ方が、事業を立ち上げたり、事業とまではいかなくても、理想や目標に向かって一歩を踏み出す勇気をもつきっかけになったら幸いです。事業を立ち上げて成功できる人はひと握りです。事業立ち上げにはリスクがあり、そう簡単にことが進むわけではないからですが、理想や思いを持っている方がいたら、ぜひ踏み出してほしいと思っています。

世の中には、リスクをコントロールするための方法を学ぶ機会や参考書籍はたくさんありますが、いくらノウハウを得たからといって、最後は踏み出す勇気です。勇気はいくら勉強しても学べません。

たくさん失敗も重ね、もがき続ける私たちの経験に対して、新倉貴士教授（法政大学大学院経営学研究科）が理論として解説をしてくださいました。経験と理論。二つの内容が、読者の皆さんの参考になることを願っています。

２０２１年５月

第Ⅰ部

上空3万フィート。偶然の〝出会い〟

第1章　1枚のメモ

その1　アーリーリタイヤへの準備——SAYONARA　TOKYO

（執筆：鈴木たつお）

ガラパゴスの島から旅立つ

私は、搭乗口ロビーの椅子に座り、大きな窓越しに南国の青空に横切るひこうき雲を眺めながら、「東京、日本、さよなら」と心の中でつぶいていた。

当時の私は破綻したウィルコムを再生させるために、東京地方裁判所から経営再建役員として残された数少ない役員の一人で、経営再建のために死に物狂いで働いていた。１８００億円の負債を背負って倒産したウィルコムを立て直さなければならないという重圧の日々だった。

ウィルコムはＰＨＳという日本独自の技術にこだわり、日本の技術を世界に広げることを目論んでいたが、実はグローバル化の中で、日本独自の技術は孤立化していた。ガラパコス化などと言われたことを覚えている読者も多いことだろう。

アメリカのクアルコムの技術に押され、日本の大手通信キャリアはなんと、ＰＨＳ技術を捨て、当時の２Ｇネットワークに移行していくのだ。ウィルコムが倒産と報道されたときは、世間も驚いたと思うが、「なんでこんなことになってしまったのか？」と社員が一番驚いていたと思う。


倒産後は会長、社長、上席役員が解任された。

当時41歳で、役員の中では最年少だった私と数名の役員が会社再建のために裁判所と契約を交わし、残された。再建計画は裁判所と管財人により策定され、残留役員は計画に基づき確実にウィルコムを再生させる、それが私たちに課せられた任務だった。

この任務は困難を極めた。

倒産した携帯電話会社との解約は後を絶たず、売り上げを維持する以前に急激に解約数が増加。経営は悪化の一途をたどっていた。加えて、全国のウィルコムショップや代理店もウィルコムとの代理店契約を解約し、供託金の返金請求を求められる始末――。

朝は７時には出社し、働き続け、日付けを超えた真夜中に帰るような生活。睡眠不足と極度のストレスで急性腸炎を何度も繰り返し、日帰り入院も数知れず。新任役員ではあったものの、

執行役員委任契約

鈴木龍雄（以下、「受任者」という。）と更生会社株式会社ウィルコム管財人■■■■及び管財人■■■■（以下併せて「管財人」といい、株式会社ウィルコムを「本会社」といいます。）は、受任者が本会社の執行役員としての職務を遂行することにつき、平成22年7月1日付で、以下のとおり、本執行役員委任契約（以下、「本契約」といいます。）を締結します。なお、本会社の更生手続きが終了した場合、本契約内の「管財人」は適宜「本会社」と読み替えるものとします。

第1条　（選任・就任）

管財人は受任者に、平成22年7月1日付をもって本会社の執行役員として職務遂行することを委任し、受任者はその就任を承諾するものとします。

第2条　（任期）

本会社の執行役員としての受任者の任期は、本会社の更生計画認可決定日までとします。

第3条　（職責）

3.1　受任者は、本会社の執行役員としての地位を有している間、法令又は本会社の定款その他の内部規則の定めに従い、管財人による監督のもと、執行役員としてその職務に専念し、職務外の活動に従事してはならないものとし、職務上知り得た本会社の事業の機会はすべて本会社に帰属させるものとします。

3.2　受任者は、法令、本会社の定款その他の社内規則及び本契約に従い、善良なる管理者の注意義務をもって前項に定める職務を遂行するものとし、本会社の最善の利益に反するおそれのある一切の行為をしてはならないものとします。

3.3　管財人及び受任者は、受任者が執行役員としてその職務に従事するものであって、受任者は本会社の従業員としての地位を有せず、本契約に基づく委任関係には労働基準法その他の労働法規が適用されないことを確認します。

第4条　（報酬）

受任者が本会社の執行役員として受け取る報酬は、法令及び本会社の定款その他の社内規則の定める手続に従って管財人が決定いたします。

第5条　（辞任・解任）

5.1　受任者が本会社の執行役員を辞任する場合は、6ヶ月前に所定の辞任届を管財人に提出するものとします。但し、特段の事由がある場合はこの限りではありません。

－1－

第13条（修正・変更）

本契約の修正又は変更は、両当事者が署名又は記
を生じないものとします。

第14条（紛争の解決）

14.1　本契約は、日本法に準拠し、日本法に従っ

14.2　本契約に関連して当事者間に紛争が生じた場
轄裁判所とします。

第15条（協議）

本契約の各条項の解釈又は本契約に定めのない事項について疑義が生じたときは、各当事者は、誠意をもって協議するものとします。

上記を証するため、各当事者は冒頭記載の日をもって本契約書を2通作成し、受任者が1通を保有し、本会社が1通を保有します。

受任者：　［住所］
■■■■

［名前］　鈴木龍雄

管財人：　東■■■■
所■■■■

更生会社株式会社ウィルコム

管財人　■■■■　印

管財人　■■■■　印

経営者ということで、ひたすら経営責任を背負って働く日々だった。

しかも役員報酬は返納したので社員給与よりも低く、薄給で働き続けていた。こんな状況下だったので、優秀な管理職や社員の中には、ライバル会社など新天地へ移る人も現われ、ボロボロの会社の経営再建のために社員が残ってくれるのかどうかもわからない、という状況にまで追い込まれていた。

ライバル企業からの救いの手

沈みゆく泥船の船長が管財人（東京地方裁判所から任命された弁護士）ならば、私は泥船を航海させる航海士という立場だった。

とにかく、船を沈めずに再建という目的地に到着させることに無我夢中だった。このような経営状況の中で、なんとか会社を維持させるような日々が続いたあるとき、船長である管財人から、「やっとスポンサーが見つかりました。鈴木さんに説明したいので部屋にきてもらえますか」と声をかけられた。

スポンサーになってもらえる企業が現われるまでの辛抱と歯を食いしばってきた私は、ひとすじの光が差し込んだ思いで旧社長室に向かった。

しかしスポンサー企業名を聞いた瞬間に目の前は真っ暗になった。スポンサーは競争相手として鎬を削ったソフトバンクだったのだ。

これは、当時の私たちにとって屈辱的な思いだった。何のためにやってきたのか。過去が打ち消された瞬間だった。せめて、バックボーンネットワークで協力関係にあったN社とスポンサー契約ができれば、と想定していた私には思いもよらない企業名だった。

スポンサー契約と会社の統合の日程が説明されるのを聞くのがやっとで、頭には何も入ってこない状況だった。説明を受けたあとは、社員にどのように説明をすればよいのか、社員に理解してもらい、受け入れてもらうのが自分に課せられた仕事であると心に言い聞かせ、翌日には部課長を集め、事情を説明した。

多くの社員は競合相手とのスポンサー契約となれば、いずれは合併になることは容易に想像がついたようで、納得ができないようだった。納得できない思いは私とて同じ、いや、それ以上だったが、可能な限りていねいに説明を繰り返し、ソフトバンクとの統合に向けた準備を開始した。

ウィルコムはＤＤＩ（第二電電）から始まった会社で、社員は次の２パターンに分かれる。

・新卒でＤＤＩに入社し、枝分かれしたＫＤＤＩ（ＫＤＤとＤＤＩが合併してＫＤＤＩになった）

に行った人。

・ＤＤＩからＤＤＩポケット（のちに社名変更でウィルコムに）に行った人。

ＫＤＤＩの社員には、同期入社である人も多くいた。また、ウィルコムは、固定電話ではＮＴＴと提携をしていたので、ＮＴＴコミュニケーションとは役員同士の交流もあり、通信会社として競争はしていたものの、ある程度は交流があった。

しかし、当時のソフトバンクはソフトウエアの流通会社から日本テレコム、ボーダフォンを買収して通信業界に参入した企業で、会社間での交流はなかった。私個人としては、もともと、マイクロソフトで働いていたため、個人的にはソフトバンクの経営陣に知っている人もいたが。

当時のソフトバンク専務は私のマイクロソフト時代の上司であった。スポンサー契約が決まり合併が決まったときも、元上司である専務を頼り、ウィルコム社員の待遇や処遇を最大限考慮いただきたいと、何度も相談した。

裏切り者の汚名

しかし、ウィルコムのような歴史のある大企業は、新卒で入社して一生勤務をすることを前提に働く人が多いため、外部からやってきた役員である私は、この件で、だいぶ陰口をたたかれた（入社した当初は社員だったが、途中で役員になった）。

ソフトバンクに身売りをしたのは鈴木だ、とか、鈴木は統合を成功させたらソフトバンクでめんどうをみてもらえることになっているらしい、など。言っているのは一部の社員であるし、そう言いたくなる気持ちもわからなくもない。しかし、頭でそう理解しても、こうした批判はとても堪えた。

しかし、私がどんなにつらかろうが、銀行に債権カットされた残りの金額を減らすために日々の金を稼がなくてはならないし、再建計画を大幅に狂わせれば会社が存在しなくなり、自分も含めた社員とその家族が路頭に迷うことになる。苦しみと不安と不満をかかえながらも、必死に働く日が続いた。

そうこうしているうちに、少しずつではあるが、管財人のおかげで会社は最悪の状態から少しずつ脱しはじめた。その頃を見計らい、私から管財人に対し、ソフトバンクに統合されたあとに、役員を退任したい旨を伝えた。

しかし、管財人の反応は意外なものだった。

ライバル会社に吸収されることを感情的に拒否する私に対し、管財人は「鈴木さんは、統合後にウィルコムの社員がソフトバンクでしっかりと受け入れてもらえているところまで見届ける義務がある」と説得してきたのだ。

管財人なりに私が苦しんでいる姿も理解してくれていたのだとは思う。そして、多くの企業再生に携わってきた経験から、若かった私に、冷静なアドバイスをしてくれたのだ。

この言葉どおりに、これが自分の最後の責務と思い、ソフトバンクとの統合までは踏みとどまる決意をし、統合まで働き続けた。統合すると、本社のあった虎ノ門を引き払い、ソフトバンクのある汐留に移った。ソフトバンクの資金援助や経営資源を利用させてもらうことで順調に再建も進み、ソフトバンクのサブブランドの格安携帯としての再出発の目途がついた（現在は、ウィルコムからワイモバイルに名称を変更）。

そして私は、東京地方裁判所の任期契約をもって退任して去ることにした。

新天地への移住を決意

幸いにしてソフトバンクからは、破綻した企業の役員であったにもかかわらず、慰労金をいただき、退職後の生活には困らなかった。完全に仕事の目的を失った私は、平日からゴルフに行き、だらしのないことに、昼から酒をくらうような日々を送っていた。

この時期に、以前から出張で足を運んだこともあるシンガポールからマレー半島を旅した。出張で来るのと観光で来るのとでは大違いで、住んでみたいと思い始めていた。

ＭＭ２Ｈという長期滞在ビザを取得し、半永久的に住める準備をした。もうすぐ中学生になる子どもたちにはクアラルンプールのインターナショナルスクールに入学させる手続きも行なった。ビザの取得、学校の申請、口座開設、住宅の準備などのために何度も東京とクアラルンプールを往復する日々が続いた。

クアラルンプールのコンドミニアムを購入する手続きを終えて、東京に戻る飛行機に乗る前に、「移住の準備はおおよそ目途がたった」「ねじ曲がった通信行政は日本を成長させない」「成長しない日本に未練はない」「あと数回の往復で、永住の準備は完了する」「さよなら、東京、さよなら、日本」という思いにふけながら、一時帰国のため、エアーアジアＤ７５２２便に乗り込んだのだった。それが、私の運命を大きく変えることになる。

その2　起業への再チャレンジ――エアアジア・エックス！（執筆：木野将徳）

伊藤寿永光さんとの出会い

高校を出てすぐ、19歳で起業した僕には、人生で唯一勤めた会社がある。半年だけ、名古屋の「ル・シェル」というフランス料理店でソムリエの見習いをしていたのだ。

レストランのオーナーは、イトマン事件で、ある意味、とても有名な伊藤寿永光さんだった。世間のイメージや事件のことは、そのころの僕には何もわからなかったが、伊藤オーナーは普通の人とは別格の雰囲気があって、見た目も男前で話もうまい。末端の社員である僕にもよく話かけてくれたので、とても好きだった。

カッコいいな、と思っていた。

お客さまの会話をじゃませず料理の説明に入るタイミングや、お客さまの覚え方、相手の記憶に残る方法、コミュニケーションの基礎は間違いなくオーナーに教えられたと思う。今でも、すごく感謝している。

「勤め人なら限界は勤めている会社、自分で事業を興せば限界は自分で決められる」

ある日、伊藤オーナーに、どうしたらオーナーみたいなカッコいいオジサンになれますか、と聞いたときに言われた言葉だ。このとき、僕は人生で初めて、自分が社長になるという生き方を考えた。

思えばこの日が、僕の人生の転機となったのだ。

起業と借金取りはセットで

その後すぐに退職をして、10年間でいろいろな会社や事業を立ち上げた。
〈19歳〜22歳〉
・宅配アイスクリーム
・ハイヤー会社
・人材派遣
・イベント会社
・広告会社
〈23歳〜28歳〉
・iモードなどの待ち受けや占いサイトの開発
・ウェブ予約システム

・システム開発
・映画製作、配給
・美容サロンの経営
・天然石のショップ

ざっと、思い出しただけでもこれだけある。

ちなみに、22歳と23歳の間の空白期間は……ある日、会社に行ったらもぬけの殻になっていて、そのままホームレスになった期間で、今では笑い話だ。

借金も、銀行借入れからサラ金、トイチやヒサンといわれるヤミ金まで全部手を出したから、かなり詳しくなった。まったく自慢にならないけれど。

昭和の人だったら『ナニワ金融道』。

平成の人だったら『闇金融ウシジマくん』。

こうしたマンガでは、借金を取り立てられてる人が登場する。あれは、多少の脚色はあるものの、現実とほぼ同じだ。実際、僕も殴られたり、拉致されたりを経験した。ただ、蜂蜜まみれで木に縛られて一晩放置、虫まみれになるなんていう経験はしなかったから、さすがにあれは作り話なのかもしれない。

つまりは、カッコつけて19歳で起業したはいいものの、いろいろ手を出しては失敗して、最後は借金まみれになって離婚もした。それが、僕の起業の最初の10年間。どうだろう、「はじめに」にも少し書いたが、ひどいもんでしょう（笑）。他にも、ここにはとても書けない話がたくさんある。

28歳からは、半分逃げるようにマレーシアに住み始めて、コチョウランを日本に輸出したり、マレーシアに移住したい日本人にコンドミニアムを紹介したりして日銭を稼いでいた。生活の拠点はマレーシアだったが、たまに他の国に行ったり、日本に来て借金の返済をしたり、訴訟の対応をしたりしていた。

僕はいつまでこの生活をするんだろう。こんなことをするために、19歳で起業したはずじゃなかったのに。すべては自己責任。自分がおかれている状況はすべて自分が招いたものだ。自分のまわりは大学に行ったり、ウェイウェイ遊んだりしている中で、19歳で起業してからずっと、寝る時間以外すべて仕事をしてきた。

もちろん、自分がそうしたかったからだ。

とはいえ、努力にみあう成果を1円もあげられないどころか、10年も死ぬほど努力したのに借金をかかえマレーシアに一人で住んで、日銭稼ぎをしている。僕は何をしているのだろう。

　この話を聞いて、身につまされない起業家はいないだろう。自分が実際におかれている状況と思い描く人生や事業とのあいだに横たわる、大きな溝をひしひしと感じるあの絶望感。そんな事を考えながら一人、マレーシアでうだつの上がらない日々を過ごしていた

リチャード・ブランソンとの出会い

何か、人生を変えるきっかけがほしい。何でもいい。このまま動物みたいに、ただ、飯を食って寝て、死んでいく。そんな人生は嫌だ。きっかけを求めていたころ、シンガポールで開催されるセミナーの案内をスマホで見つけた。

世界的に有名な起業家、リチャード・ブランソンのセミナーだった。セミナーの参加代金は29万8000円！　当時の僕に30万円は大金だった。でも、何だかよくわからないけど、リチャード・ブランソンという人に会ってみたい。何か人生が変わるかもしれない！　飛行機はクアラルンプールからチャンギまでならエアアジアで3000円で行ける。行ってみよう！

　こうして、シンガポールに飛んだ。

30万円のチケットは買わ（え）ずに行った。ドームの何倍もある広い会場だ。ひょっとしたら人混みに紛れてタダで入れるかもしれないと思ったからだが……さすがにそれは甘かった。運よく当日券があり、1万4000円で購入して入った。何かのきっかけになればと思って、マレーシアからシンガポールまで飛んだのに、肝心の講演内容はさっぱりわからなかった。なぜかというと……実は当時、僕は英語が全然わからなかったんだ。

だから、リチャード・ブランソンを目の前にしながら、会場のWi-Fiに接続して、彼に関する日本語の記事をいろいろ読んでいた。氏はヴァージン航空やレコードなど、あらゆる事業を多角経営していた。

なかでも僕が気になったのが、携帯電話事業のヴァージンモバイルだ。ヴァージンモバイルは携帯電話の基地局を自ら持たず、他社の基地局を利用して通信サービスを提供、シェアを伸ばし、大きな利益をあげていた。

携帯電話といえば、基地局をたててエリアを拡大していく、そこには何兆円という投資が必要で、携帯電話会社というのは国や超大手企業だけができる電気やガス、水道のような事業だと思っていたのに……。ヴァージンモバイルはゼロからスタートしたんだ、すごいな、と記事を読んで感心していた。そのとき、僕はまだ、数カ月後に自分が携帯電話会社を立ち上げるなんて、まったく思ってもいなかった。

トニー・フェルナンデスとの出会い

シンガポールからマレーシアに帰国した僕は、自分の命を何に燃やしたらいいか見つからず、熱意の矛先を探しながら相変わらずふわふわとした日々を過ごしていた。

少しずつ英語を覚えて、簡単な英語の記事くらいは読めるようになってきたころ、一人のマレーシア起業家のことを知った。エアアジアの創業者、トニー・フェルナンデスだ。

彼は負債を抱えて倒産した航空会社を1リンギット（約30円）で買収し、アジア最大のＬＣＣ（格安航空会社）に成長させた。マレーシアでは知らない人はいない、日本でいうと孫正義さんのような、有名な経営者だ。しかも、トニーは航空業界はまったくの素人で、エアアジアの社長になる前は音楽会社に勤めていた。その当時、マレーシアはフラグシップキャリアが1社しかなく、飛行機代は高止まりしていた。日本では考えられないかもしれないが、当時のマレーシアでは飛行機で旅行ができる人は限られた人たちだけだった。

トニーは「Now Everyone Can Fly !（今は誰もが飛行機に乗れる！）」というミッションを掲げ、航空業界に風穴を空けたのだ。格安の飛行機代で、誰もが旅行に行けるようになった。

そのストーリーを聞いて、「すごいな、僕も大きな業界に風穴を空ける、そんな事業を人生を賭けて、命がけでやりたいな」、心からそう思った。

弱点をストレートに指摘してくれるマレーシアの実業家との出会い

最初は知り合いが一人もいなかったマレーシア生活だが、少しずつ現地で知り合った日本人投資家や、マレーシアの起業家とも交流できるようになった。日本人投資家からは日銭稼ぎの仕事をもらったり、起業家からは彼らが手がけているさまざまなビジネスを教えてもらった。特にビクターさんにはいろいろと勉強させてもらった。彼とはよくビリヤードをした。

「マサはこれからどんなビジネスをやるんだい？」

いつもビリヤードのあと、ビールを飲みながら聞かれた。毎回答えられるものがなく、この質問が一番キライだった。でも僕は日本では10以上のビジネスを立ち上げてきた。バカにされたくない。その悔しさから、いろんなアイディアを得意げにプレゼンしていた。

「マサはいろんなアイディアがあるみたいだけど、いったい何がやりたいのか、全然わからないよ」

「同時にたくさんのことをやってもたかが知れてるし、うまくいくわけない。マサは何もできていないんだから、まず一つのことをやれよ」

「一つのことを成功させれば、それが呼び水になって、いろんなチャンスがやってくるぞ」

「マサ、覚えておけ。大事なのはフォーカスすることだ」

「俺は今の仕事にフォーカスしたからよかった」

「マサが好きなエアアジアの創業者だって、格安航空にフォーカスしたから成功した」

「マサは何にフォーカスするんだい？」

こう言われて、中身のないアイデアを並べていた自分自身がものすごく恥ずかしくなった。

これまで10以上の事業を立ち上げてきたけど、結局は失敗してマレーシアで一人で生活している。日本でいろいろと事業をやってきたと見栄をはっても、ビクターにはお見通しだった。

その日から、次やる仕事を人生最後の起業にしようと、心に決めた。

その3　上空3万フィートでの出会い　クアラルンプール発「D7522便」東京行き――赤ズボンを履いたシンガポール人との出会い（執筆：鈴木）

オーバーブッキングがもたらした運命の出会い

あと数回の往復で、永住の準備は完了する――。少々センチメンタルな気持ちでエアアジアXに搭乗したら、なんとオーバーブッキングされていた。あわてたキャビンアテンダント（以下、CA）が違う座席を急きょ用意してくれ、二つのシートを私に提案してきた。一つは隣に白人男性、もう一つは隣にアジア人男性。私は迷わず〝アジア人男性〟の隣を選んだ。

「Excuse me」と声をかけてシートに座ると、そのアジア人男性は服装が私とほぼ同じだった。赤いズボンに白い靴。自分でも、こんな派手な格好をする日本人は珍しいと思いつつも、南国に何度も足を運んでいると感覚が麻痺してきて、ついつい日本人離れした恰好になっていたのだ。隣のアジア人はチャイニーズ系マレーシアンか、シンガポーリアンだろうと思い、自分も南国の人っぽくなっていることを自覚しながら、ウェルカムドリンクを口にした。

しばらくすると、機内サービスが始まった。私は、テイクオフして上昇するときは気圧のせいか、ウトウトしてしまう。このときも寝ていたと思うが、隣の〝アジア人男性〟がCAにワゴンサービスで何かを買おうとしている声で目が覚めた。私が通路側に座っていたので、私越しにオーダーのやり取りをしていたのだ。どうやら会話を聞いていると、両替の話をしており、支払いの通貨で困っているようだった。

日本円が必要だったようなので、私が両替してあげようと思い、「Are you Singaporean?」と聞いた。すると「日本人です」と言うではないか。私の早とちりで、アジア人っぽい服装をしているが、その人は日本人だったのだ。

これが、現在、エックスモバイル社の社長である木野将徳さんとの最初の出会いだった。同じような服装。オーバーブッキングで、偶然、隣り合わせた隣人との出会いに、なにか感じるものがあり、話をし始めた。東京までの７時間フライトの男一人旅、酒でも飲みながら会話を楽しもうと、何気ない仕事の話から会話が始まった。

当時の木野さんは、まだ20代の青年。しかし話を聞くと、若いながらにも自分で会社を経営し、コチョウランの輸出をしているという。クアラルンプールに住んでいるようで、マレーシアで仕入れたコチョウランを軽井沢で売っているということだった。

20代で日本を飛び出して、マレーシアで会社を立ち上げた若者の話がおもしろく、私は会話を楽しんでいた。彼が、なぜ日本を飛び出してマレーシアに移ったのか、聞けば聞くほど当時の私には共感できる話だったのだ。

若き青年との共感

木野さんは、日本でいろいろな商売に手を出して失敗したあげく、国内で商売がしづらくなり、日本を離れて新天地のマレーシアで商売を始めた、ということだった。マレーシアは先進国ではないが、行政サービスは進んでおり、日本のような縦割り行政ではなく、ワンストップサービスが充実している。日本で会社をつくるとなると、税務署に行ったり法務局に行ったりと関係する役所をいくつもまわることになるが、マレーシアでは一つの窓口で済むそうだ。商売はしやすい環境であるようで、外国人であっても簡単にスタートできるということだった。

こんな話を聞きながら、自分のおかれた環境を思い返し、日本では会社が破綻したり経営に失敗すると、人格まで否定されることを思い出した。また、行政は縦割りで、発展途上国よりも行政サービスが劣ることも、うなずきながら聞いていた。

ウィルコムの経営破綻にはウィルコム自体にさまざまな問題があったことは事実。しかし、日本の間違った通信行政も大きく関係していると思っていたし、すでに9年が経過した現在でも、その考えは変わらない。

木野さんから「鈴木さんは何をされているのですか」と聞かれたので、経営破綻したウィルコムの役員であったことや、ウィルコムが破綻するまでの通信行政の馬鹿なやり方など、今まで溜まりに溜まっていた日本のＩＣＴ産業を憂う思いなどを話した。

その3　上空3万フィートでの出会い　クアラルンプール発「D7522便」東京行き——偶然の出会い、空の上でできた会社（執筆：木野）

ちょっと迷惑なオジサンとの出会い

ビクターの仕事の手伝いで、マレーシアから1週間のシンガポール出張を終えた僕は、日本に帰るトランジットで、クアラルンプール国際空港にいた。ビクターやその知り合い、モントキアラで出会った日本人投資家に、日本ではなくずっとマレーシアで一緒に仕事をしようと誘われていて、すごくうれしかった。

「マサは日本で失敗してるわけだから、再チャレンジは難しいよ」

「日本は失敗した人に冷たい。マレーシアやシンガポール人は（俺たちは）そうは思わないよ」

マレーシアでの生活も心地よかったし、毎月100万円くらいは収入があった。日本に帰っても知り合いもいないし、事業に失敗した名古屋では評判も悪い。生きづらい思いをして日本で再チャレンジするよりも、少しずつ借金を返しながらマレーシアでがんばるのも悪くないな、と思っていた。日本に帰ると、代理弁済をしているから借り入れも無理、下手したら銀行口座もつくれないだろう。クレジットカードをつくったり、家を借りることもできない。

「どうせ日本ではやっていけない、日本ならマイナスからのスタートだけど、マレーシアならゼロからやれる」

僕はこれからマレーシアで生きていこうと、ほぼ決めていた。


借金の返済のため日本に行かなければならず、羽田行きの便に乗り込んだ。

日付は2013年年7月6日、久しぶりの日本へのフライト。ちょっと贅沢しようと思ってエアアジアのプレミアムシートに乗った。この日はずいぶんと空席があって、僕の隣の席も空いていた。（ラッキー！）エアアジアは、ドアが閉まったあとに空席があると、離陸後に追加料金を支払って席を変更できる。

Flight Details	Flight	Departing	Arriving
	D7522 PREMIUM	Kuala Lumpur (KUL) Kuala Lumpur (LCC Terminal) Sat 06 Jul 2013, 1445 hrs (2:45PM)	Tokyo (HND) Haneda Sat 06 Jul 2013, 2300 hrs (11:00PM)

運命のエアアジア D7522便 チケット

となりの席が空いていたら、荷物を置いたり、広々使えるからラッキーなのだが、なにやらウロウロしているオジサンがいた。どうやら普通席からプレミアムシートに変更するらしい。僕は右の窓側席に座っていて、通路側の席が空いていた。真ん中の席も通路側が空いていて、そっちに座ってくれないかなぁと思っていたが、残念ながら、オジサンは僕の隣の席を選んだ。まぁ仕方ないと思い、喉が乾いたので、ＣＡに水とプリングルスのサワークリームオニオンを頼んだところ、シンガポール帰りだったため、マレーシアの通貨を持っていなかった。

困っている僕を見てオジサンが、「Are you singaporean? I can excange money」と話しかけてきた。すかさず「日本人です」と答えたら、オジサンはとても明るい口調で話を続けた。

これが鈴木さんと出会い。僕の運命の出会いになった。

この日、２０１３年7月6日。

この便に乗らなければ、この席に座らなければ、プレミアムシートに空席がなければ、鈴木さんが別の席を選んでいたら——。

僕の人生はまったく違うものになっていて、エックスモバイルも生まれなかった。

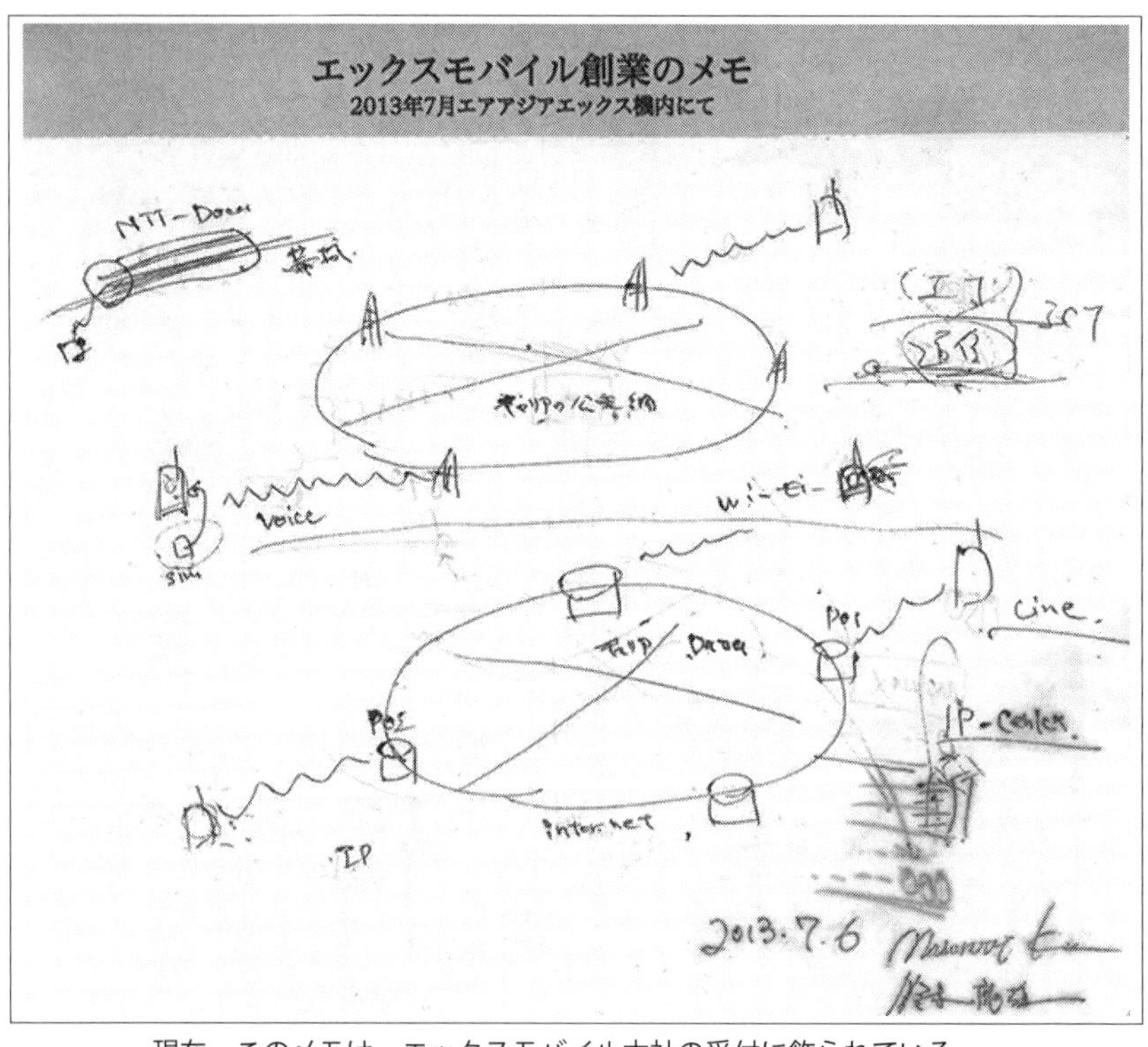

エックスモバイル創業のメモ
2013年7月エアアジアエックス機内にて

現在、このメモは、エックスモバイル本社の受付に飾られている。

その４　上空３万フィートで書いた企画書——起業への「設計図」（執筆：木野）

「Connecting the dots」!!

鈴木さんに飛行機の中で、たとえば、いま乗っているエアアジアみたいな格安航空会社のような携帯電話会社ってどうでしょうね、どう思いますか——という話をした。

そうしたら鈴木さんは、「それはいいよ。僕はウィルコムという会社をそういった会社にしたかった。携帯電話のＬＣＣにしたかった。でも、志半ばでダメになってしまった。木野さんがやるなら応援するよ！」と笑顔で言ってくれた。

鈴木さんは冗談で言ったつもりだったんだろうけど、僕はこの瞬間に「これだ！」と思った。いろいろ、いろんなものがつながった。

スティーブ・ジョブズが、スタンフォード大学の卒業式で語ったという、「Connecting the dots」っていうあの有名なスピーチ。まさにそれを感じた瞬間だった。

点と点がつながった。

その点というのは、まず、僕がマレーシア生活でエアアジアという会社を知っていたこと。

１リンギット（約30円）で設立したというエアアジアが、アジアナンバーワンのＬＣＣまで成長したということ。これが一つの点。

シンガポールのセミナーで、ヴァージンモバイルという事業があり、基地局を自分で建てなくても携帯キャリアができるんだと知ったこと。これがもう一つの点。

ビクターに、「フォーカスしろ、何か一つのことで成功しろ」、「まずは何か一つのことで成功しなければ、次のチャンスはやってこない。マサ、フォーカスだよ」と言われていた点。

そして、この点を取り巻いていた自分自身のもやもやとした感情。なんでこんなことになったんだろう。やるべきことがあるはずだ。何かに自分の命を燃やしていきたい――。そういった自分自身のドット、点を取り巻く大きなもやもや。これが飛行機の中で鈴木さんと出会ったことで、まるで受精の瞬間のように、いろいろなマシーナリー（＊）がその瞬間に一気に動きだすような、そんな――心の中でこれだと思う瞬間だった。（＊マシーナリー：機械装置、からくり）

だから僕は、鈴木さんに言われた瞬間に、よっしゃ、携帯会社をつくろう、ＬＣＣのような携帯電話会社をつくろうと、もう決めていた。

自分の人生、残りの人生をすべて懸けて、このＬＣＣの携帯電話会社をやろう、他の何を捨ててても、これをやるんだ。ものすごい強い、今まで味わったことがないような感情が生まれた。

「Connecting the dots」。スティーブ・ジョブズの話がかっこいいので、それにあやかった原稿を書くつもりだったが、いや、ちょっと違うな、直感的に言うと受精の瞬間のような、ガッと何かが動きだす、そんな瞬間だった。

なぜ、通信か——深い闇のお話

あともう一つ、通信に興味を持ったきっかけがあった。これはすごく大事なことなので、この文章に入れたいと思う。

マレーシアで日銭を稼ぐために、僕はコチョウランを仕入れていました。コチョウランを小さな段階で仕入れて、それを日本に輸出する。要するに、体のいいピンハネ業をしていたのですが、そのときに地方に行くんですね。これはマレーシアに限らず——具体的な国の名前をいうと失礼になるかもしれないので、伏せますが——マレーシアを中心に、他にもっと条件がいいところないかなと考えて、いろいろな国に行っていました。

そうした国で、都市部から離れた地方に行くと、離れれば離れるほど、トイレがある家は珍しいです。日本の感覚だと信じられないと思います。トイレの普及率、日本は１００％でしょう。僕がホームレスしてるときですら、トイレに困ったことはなかった。でも、いわゆる発展途上国というのは、まずトイレの普及率が低いし、電話なんて10軒に１軒もない。１００軒に１軒ぐらいいかもしれない。インターネットなんて０％。

そうした国や地域というのは確実に存在していて、そこにはたとえば、赤ちゃん工場のような考え方があるのです。出産をして、本当に、日本円でいうと3万円ぐらいで赤ちゃんが売られていってしまいます。あるいは、女の子は児童売春、男の子は強制労働をさせられて、大人では行けないような危険なところに行かされて、亡くなってしまう。そんな話をたくさん聞きましたし、目の当たりにしました。

僕はそのころ、日本で失敗して一人でマレーシアに行って、自分は悲劇の主人公だったわけです。自分が一番最低な環境にいるな、底辺、地底にいると思っていました。

でも、自分の状況なんてたいしたことなくて、もっと大変な、しかも自分では全然判断がつかないような小さな子どもたちや赤ちゃんがそういうふうになっている……。赤ちゃんということは、その母親にとってもそうなんです。それを目の当たりにしたときに、なんとかしてこの環境を、この現状を変えていくことができないだろうか、僕に何かできることがないだろうか、と考えるようになっていました。

そうした地域の子どもたちを救おうと、寄付をしたり、学校を建てたりする方がいます。それはそれですばらしいことだし、大事なことだと思います。でも、僕は、それとは別にやることがあると思った。じゃあ、どうしたらいいのかなと考えたときに、彼らが自分自身で、自分のおかれている環境や周りの現状がおかしいということに気づかなければ、なにも変わらない

エックスモバイル公式ホームページより「寄付活動について」より

なと思ったのです。

赤ちゃんは生まれたら売られていく。７、８歳になったら売春まがいのことをしなければならない。物を盗まなきゃいけない。危険なところで働かなければ生きていかれない。それが普通で、こういうものが人生だと思っているはずなんです。というか、他の人生がわからないから、普通が何だとか、これはおかしいとか、何もわからないのではないでしょうか。彼ら、彼女たち自身がおかしいと気づいて行動を起こさなければ、それを大きく変えていくことはできないと思いました。一時的に救ったり、お金を渡したり、その瞬間は変わるかもしれないけれども、大きく変えることはできない。

じゃあ、大きく変えるにはどうしたらいいか、どういった環境にしたらいいかと考えたときに、僕はインターネットだなと思ったんです。

インターネットで、自分で検索して、自分自身でおかしい、自分のおかれている環境はおかしい、出なきゃ、ここを逃げなきゃ、みんなで立ち上がらなきゃって。立ち上がらなくちゃいけないと思う、思える環境を手にするには、通信が必要だと思いました。通信こそ、世界とのつながりを手にする必要最低限の道具である、と。

これも、大きく私をエックスモバイルの創業にかき立てた動機の一つです。

偶然だけど、必然だった

今、思えば、リチャード・ブランソンの講演で、基地局がなくても携帯電話会社がつくれる、成功できると思ったことや、格安航空、誰もが飛行機に乗れるような社会にしていこうというミッションを実現したエアアジアのストーリーに共感をしていたところとか、それらはすべてこの赤ちゃん工場や児童売春や強制労働を見た、知った、そして通信でなんとか、インターネットで世界を変えることができるんじゃないかと、思っていたことが、創業をかき立てた最初の導火線になったと思います。火がついたのは、その瞬間だった気がします。

そして、鈴木たつおさんとの飛行機の中での、偶然の出会い。この偶然出会ったということも、僕のこの事業への運命的な縁を感じました。

今、思えば、すべては思い込みなのかもしれません。いや、かもというか、きっと思い込みです。この事業は、この事業が僕の天職なんだ、これに人生を懸けるんだと思い込むことができたことに、僕はものすごく感謝していますし、飛行機の中で鈴木さんと出会うことがなければ、エックスモバイルをやることはありませんでした。

その4　上空3万フィートで書いた企画書——1枚のメモ（執筆：鈴木）

SIMって何ですか？

木野さんと機内で出会い、話をしていると若い（当時28歳）にもかかわらず、さまざまな商売を経験しては潰しているようであった。当時、コチョウランの販売を行なっていて、花の商売で飛行機に乗っていたという。

「鈴木さんは何をされているのですか」と木野さんから問われ、「通信会社を去ったばかりのプータローです」と答えたところ、通信会社に興味があったのかやたらに、質問してくる。

質問内容は「なぜ辞めたのか」から始まり、「鈴木さんは、どのような仕事をしていたのか」などさまざま。挙句の果てには、「どうやったら通信会社をつくることができますか?」。

この質問には、正直驚いた。通信会社というのは、設備投資が大きく莫大なお金がかかる。また、免許事業なので、総務層に認可されなければサービスを開始することさえできない。思わず、「いくらあるのですか?」と聞いてしまった。どのように答えたのかは記憶にはないが、資金がないことくらいはすぐにわかった。

しかし、ITやICT企業を設立する人には知識とアイディアはあるが、お金がないというタイプも存在する。そのような人は、知見のあるアドバイザーとお金を用意してあげられれば成功するケースも多い。木野さんもそのタイプかと思い、私なりに通信会社をどのようにつくるのかを説明し始めた。

すると話の途中で、「鈴木さん、今、SIMと言っていましたが、それは何ですか?」と聞いてくる。この質問にも驚いた。こんな通信用語も知らないで、通信会社をつくりたいと思っているのかと。

普通であれば、この時点で適当に話して切り上げるところだが、ここは上空3万フィート。東京に着くまで7時間もある。しかも隣同士。内心、「これも何かの縁、東京に着くまで自分の知る限りの知識を話そう」と思い、酒を酌み交わしながら通信談義に花を咲かせた。最初は業界の話から始まり、市場の話や業界の話で盛り上がった。通信会社を始めるためにどのようなネットワークを構築しなくてはいけないのか、ぼろ紙の裏に書いて説明した。

ＳＩＭフリービジネスの約束

話しているうちになぜか、お金も知識もない木野さんだけど、内に秘める情熱を感じ、彼ならやれるのではないかと思い始めた。

木野さんは海外で生活しているので、日本国内の異常な通信市場を感覚的に理解していたという点が大きい。彼はクアラルンプールを拠点に生活しており、彼の使っている携帯電話はマレーシアの通信会社のもの。マレーシアも世界の標準的なビジネスモデルで行なっていたので、これに慣れている人には日本の通信は異常に高くて、制約も多く、複雑で不思議なサービスと感じられるのだろう。

日本と世界の違いを簡単に説明すると、世界基準は、携帯電話端末と通信会社は別物。携帯端末をお店で購入して、自分が契約した通信会社のＳＩＭ（携帯端末に埋め込む通信チップ）を入れて通信サービスを開始する。

日本は、通信会社が端末を一括購入して通信費と一緒に利用者に請求する。月払いなので、イメージとしては携帯端末費用を月々の通信費用にまとめて割賦払いをしている状況。

おかしな日本の通信業界を変えたいと思える意志は重要で、木野さんは海外生活をしていたからこそ、ここの部分は私と同じ、もしくはそれ以上に疑問を持った。知識やお金も重要だが、このおかしな業界の仕組みを変えたいという思いこそ重要なのだ。

飛行機が日本領空内に入ったころには、私が変革させたかったが何もできなかった通信サービス（具体的には利用者に経済的な負担が少ない、シンプルで自由な通信サービス）を、木野さんならできるのではないかと思い始めた。

私の知る限りの知識を伝えるとともに、木野さんにＳＩＭフリー（現在では当たり前になった）の携帯通信サービスを開始することをすすめていた。

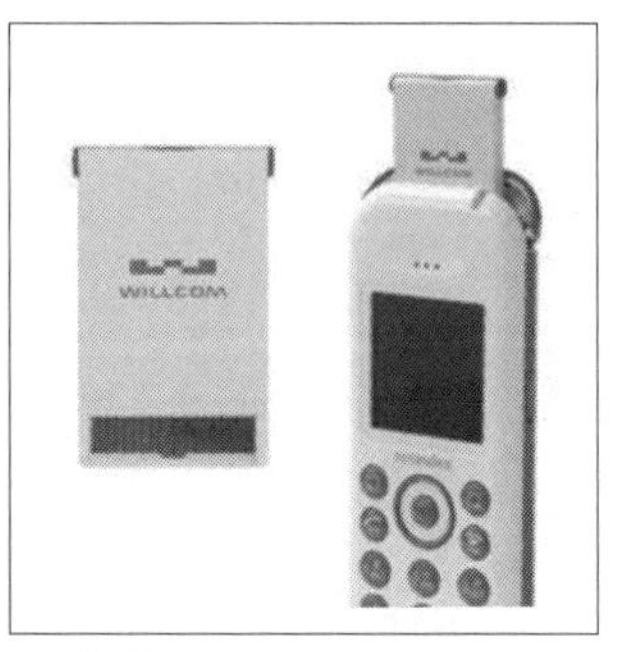

↑当時のウィルコム SIM は取りはずしができる斬新なコンセプトだった。

↓現在の SIM。取りはずしは当たり前になったが、数年前まで、通信会社がはずしたら使えないように機能でロックしていた。

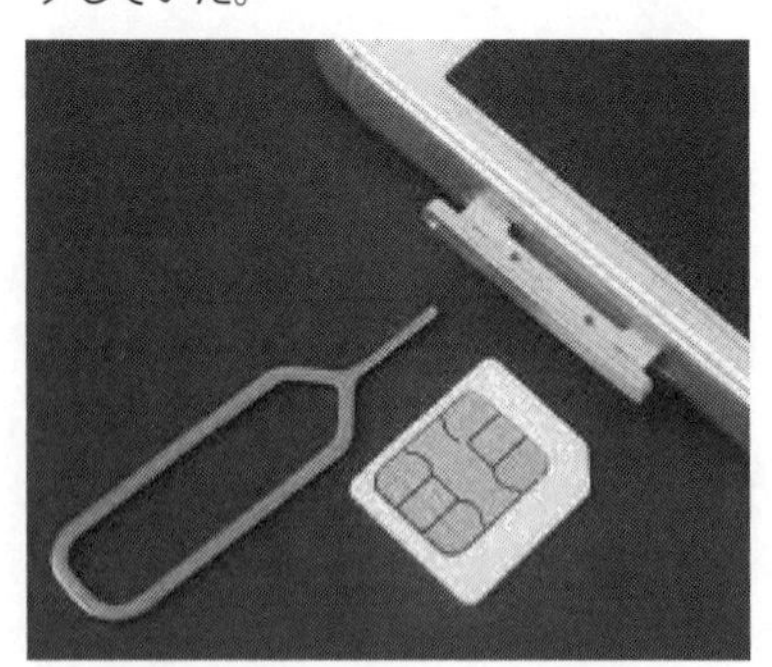

そして、羽田に近づいたころ、木野さんは「私はこの会社をつくります」と言い、私がビジネスモデルを書いた裏紙に、「この紙に鈴木さんのサインをしてください」と頼んできたのだ。

まさか、上空３万フィートでこんな話になるとは！

酔ってはいたが、実に楽しい気分だった。

もちろん、気持ちよくサインをし、また再会することを約束して、空港で木野さんと別れた。

第2章 〝ド素人〟の通信事業構想

その1　日本での起業に対する弊害（執筆：木野）

再起不能に堕ちていく

日本という国は、再チャレンジ、再起業に対する弊害がものすごく大きいと思っています。

僕の場合、再チャレンジをしなければならないという状況を、自分が招いてしまった――過去の判断ミスや甘い考えでの行動によって信用を失墜し、他社や他人に迷惑をかけてしまい、それが自分に跳ね返っているので、自業自得という面もあるし、迷惑をかけたことに対して、ものすごく反省をしています。罪悪感も日々感じておりました。

とはいえ、日本では失敗をしたあとの起業がとても難しい。自分が招いたことだという前提ではありますが、このことについて話をしたいと思います。

エックスモバイルを起業しようと決意した時期は、立ち上げた事業がまったくうまくいかず、日本にいられなくなり、マレーシアに渡って、多くの人の世話になりながら、その日暮らしのような生活をしていたときです。

特に自分が再起業する上で大変だったのが、銀行の借り入れ。

過去の起業、過去の経営で銀行借り入れをしていました。最終的には、制度融資という保証協会を使った融資をして、合計1億円ぐらいだったと思いますが、代理弁済をしました。

代理弁済というのは借り入れをした当事者＝つまり私の会社が返済不可能になった、そう判断された場合、銀行が保証協会に申し立てをして、代理で保証協会に返済をしてもらうということです。これを代理弁済といいます。

代理弁済になる前は、いろいろと融通がききます。支払いの猶予の相談もできます。たとえば半年とか1年、支払いを待ってもらう、その間は返済をせずに利息だけ払っていればいい、そういうことが可能です。あるいは、返済金額の減額。毎月１００万円返済しているところを、今しんどいので10万円にしてくださいとか、そういった交渉もできます。

でも、その減額や一時停止、そういった交渉を経て、もうこの会社は返済ができないと判断されると、銀行は保証協会に対して代理弁済を申請するんです。私はここまでの状況に陥ってしまいました。

さらに給料の支払いや取引先への支払いをするために、クレジットカードでフルパワーでキャッシングをする、とか。どういうことかというと、たとえば、当時の家族の名義のクレジットカードで、新幹線の回数券なんかを1000万円近く買うんです。そして金券ショップで即時現金化をします。だいたい96％くらいで買ってくれるので、1000万分の回数券で960万円の現金になる。それを返済に充てるとか、支払いに充てるとか、そんなことまでしてしまっていました。

ブラックリストからの再起が困難な日本

当時の家族のクレジットカードは、なんとかすべて支払いを済ませましたが、自分名義のカードでも同様のことをやっていて、それはもう支払いができずに、いわゆるブラックリスト入りとなりました。

さらに、闇金からもお金を借りていたし、事務所の家賃や自宅の家賃も払えずに、ほとんど夜逃げ状態でマレーシアに渡ったんです。だから、エックスモバイルを起業しようとしたとき、まず銀行に行ったら呼び出されて、口座をつくるのも厳しいと言われました。

エックスモバイルの開業資金を借りようと、銀行をいくつもまわったのですが、すべて情報共有されていて、借りることはできませんでした。事務所を借りることも、住む家を借りることもできませんでした。

日本で一度失敗した人間が再起しようと思ったときに、そういった壁が大きく立ちはだかります。これは本当に大変です。自分が悪いということがわかっていても、キツイです。

ただ、当然といえば当然なのですが、マレーシアでは私のブラック情報はないので、クレジットカードも普通につくれるし、銀行口座、バンクアカウントも簡単につくることができて、事務所を借りることもできました。日本人は信用されているのか、パスポートを見せるだけで事務所が借りられたんです。

僕がエックスモバイルを起業したときは、家を借りることも銀行口座をつくることもできなかったので、ネットカフェなどで寝泊まりをしながら、ここで資料をつくって、シャワーを浴びて、次の場所に行くということを続けておりました。半年ぐらい続けたと思います。

僕はそれでも運がよかった。なんとか状況を打破できたけれども、日本にもそういった失敗者、敗者に対する再チャレンジを応援する制度があってもいいのかなというふうに思います。

忍び寄るリアル炎上

そういった環境の大変さというのとは別に、人格否定という、一度失敗した人間に対する周囲の冷酷さというのは、さらに大きな精神的な障壁でした。

19歳で起業して、無謀なこと、今から考えると、ものすごく甘い考えで行動したこともあって、28歳までの約10年間の起業人生、むちゃくちゃ人に迷惑をかけてしまいました。逃げるように、マレーシアに渡りました。でも、人生もう一度がんばろうと日本に戻ってきて、起業しようとなったときの、まわりからの誹謗中傷がすごかった。

今はSNSの炎上がありますが、当時はまだそこまでSNSが普及していなかったので、現実世界でのリアル炎上でした。僕の悪口がどんどん広がっていって、僕が会ったことがない人にも、あいつはヤバイやつだ、あいつに会ったら金を貸してくれって言われるぞ。あいつと取引したら痛い目にあうぞ。やめとけやめとけといううわさが広がってしまった。

自業自得だということはわかっていても、エックスモバイルの話を誰にしても相手にしてもらえない、そもそも事業のアイデア以前に、木野将徳自身が極悪人というレッテルを貼られてしまって、日本で再度起業するのは無理かもしれないと悩みました。

その2　日本における通信事業への弊害（執筆：鈴木）

日本の通信行政の闇

ウィルコムの経営会議はビルの最上階にある役員会議室で行なわれていました。役員の座席も決まっており、最初に座った時は雰囲気にのまれたことを覚えています。アメリカ大手のカーライルが最大株主であるので、アメリカ人が参加することもあり、同時通訳も入れて会議が行なわれることもありました。

当時は、北米でブラックベリーという初期型スマートフォンが急速に広がっており、カーライル側からの提案もあって、日本でもスマートフォンを市場に投入すれば売れるのではないかということで、日本で最初のスマートフォンW03をつくり、市場に投入。

ウィンドウズOSを搭載していたのですが、処理が遅く、何よりネットワークのスピードの問題でまともにブラウザーが起動しない

ブラックベリー。i phone 登場前に北米で流行った初期型スマートフォン。

製品でした。また、大きさもポケットサイズといいながら、システム手帳並みの大きさと重さです。

笑い話のようですが、私たちはそれでも販売するために、手軽さを強調して「ポケットサイズですと」言いながらシステム手帳ほどの大きさのウィルコム03をスーツの内ポケットに入れるところをお客さまのプレゼンテーションで何度もやりました。入れて、しばらくするとウィルコム03の重みでスーツが型崩れしてしまうのに……。挙句の果てには、クライアントから「スーツが破けるから、取り出してもらっていいですよ」などと言われる始末でした。

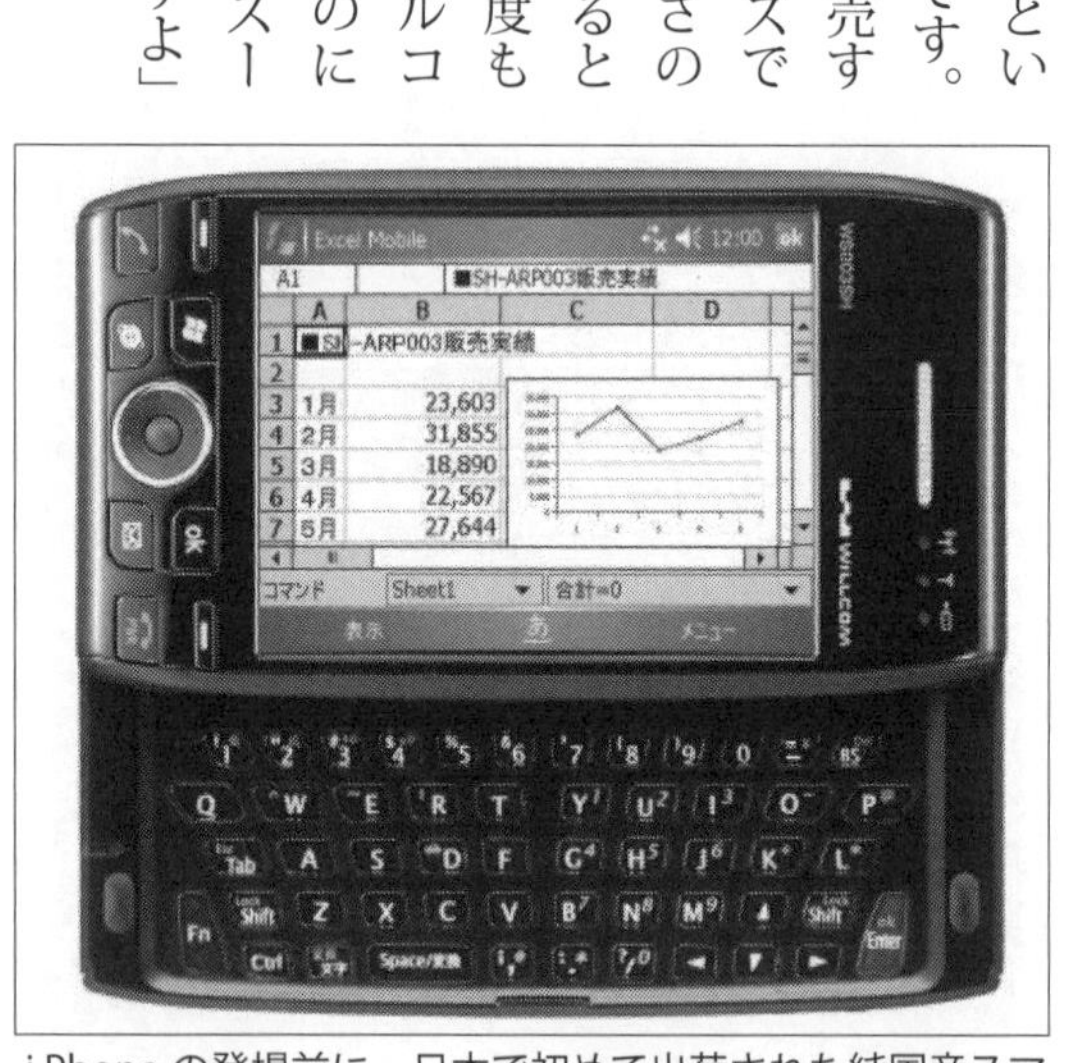

i Phone の登場前に、日本で初めて出荷された純国産スマートフォン。

今、振り返ると、スマートフォン市場をめざして最初に市場を切り開いたウィルコムは、すごい会社であったと思います。しかし同時に、めざす機能に自社のネットワークが追いついていない、まぬけな製品であったとも思います。

ではなぜ、このようなまぬけな製品が世の中に出ることができたのか。そこには切実な事情があり、まさにそれこそが、日本における通信行政の弊害でした。

経営会議が終わり、私の直属上司である営業統括の副社長に「あちらの副社長は何をされている方なのですか」とたずねると、「総務省から次の免許をいただくために、総務省の方を受け入れた」と説明されました。正直、このようなことが現実に行なわれていたのには、驚きました。読者の方へ、なぜ日本の通信行政免許権者である総務省に気を使わなくてはいけないのか、を説明します。

日本の通信は免許制度になっており、総務省から免許を認可されることで初めて、通信事業を行なうことができます。つまり、誰もが好き勝手にできるビジネスではないのです。もちろん、通信事業者はたくさんあり、手続きが整えば通信事業はスタートできます。

しかし、新しい周波数帯をどこの事業者に割り当てるかを決めるのは、総務省。これは、通信事業者にとっては死活問題です。

当時のウィルコムは、ＰＨＳという低速な通信ネットワークを構築していました。次世代の通信ネットワーク（当時はＬＴＥと言っていた）の周波数帯を総務省から認められることは、将来の会社の運命が決まるほど重要なことでした。そのために、総務省から天下りを受け入れていたというわけです。

一方、このころ海外では、周波数帯を獲得するのにオークション制度を取り入れていました。役所が免許をどの事業者に与えるのかを決めるのではなく、事業者がオークションで競い、高い金額を提示した事業者が免許を手に入れる。いたって公平で、わかりやすいものです。

しかし日本は、役所が〝厳正に〟審査をした上で決定するとされていましたが、どのようなことが評価されるのか不明な部分が多く、実に不透明だったのです。

次世代ネットワーク3G（LTE）を入手したウィルコムは倒産しました。総務省では、各社の財務もチェックした上で免許を与えたはずですが、実際には倒産しました。アメリカの制度であれば、周波数帯を獲得した会社が簡単に倒産することはありません。ウィルコムの審査内容には本当に問題がなかったのでしょうか。

もちろん、当時は3G（LTE）を獲得しないとウィルコムは他社との通信速度競争に負けてしまうので、何が何でも免許は欲しいと思っていたし、副社長に総務省からの人間を招くことで免許が取れるならありがたいことだとも思っていました。実際に免許取得が実現した際には、総務省とのつながりに感謝したものでした。

総務省との蜜月な関係

しかし、このようなやり方こそが、日本の通信をおかしくしてしまった原因だと思っています。総務省から免許を受けられる事業者は限られています。また、総務省の言うことをある程度聞き入れていれば、他の業界のような熾烈な競争も不要な業界です。免許権者である役人と通信業界は持ちつ持たれつ、蜜月のような関係ができあがっているのです。

総務省のキャリアは、大手通信会社のエグゼクティブとして好待遇で招かれます。通信会社は、総務省の免許で食べていけます。免許制度や総務省の政策によって過当競争も生じない、守られた、競争のない業界の秩序が保たれる仕組みとなっているのです。

先ほど述べたように、海外ではオークション制度を採用しており、一番高い金額を提示した事業者に周波数を与えることになっています。この制度は金額で決まるので、免許権者の裁量余地がなく、事業者側が人的なつながりを求めることはありません。また、資金調達ができた事業者が新しい周波数帯を獲得してから、基地局設置の投資を行ないます。ウィルコムのように、お金がないにも関わらず人的な交流により周波数帯を獲得して、結局は新しい基地局の投資ができなくて潰れるような悲劇は起こらないのです。

現在、携帯電話の値下げを菅総理が推進していますが、本来、通信行政の構造的な課題を解決するのが先ではないでしょうか。

その3　日本市場で二人の思いをリベンジ！
――もう一度、日本で勝負がしたかった（執筆：木野）

「1800会社」の設立

マレーシアには、日本人の方で、リタイアをしてマレーシアに住んでいる60歳とか70歳ぐらいの人たちが、結構多いんです。僕にもそういったお客さんができて、たとえばコンドミニアムの紹介をしたり、不動産エージェントみたいなことをしながら、現地の大家さんと一緒に、マレーシアでリタイアして生活をしたい人たちをつなげてマージンをもらうようなビジネスをしていました。

そういった年代の方はどんどん増えていくのですが、若い人がいないんです。特に、20代でマレーシアに一人で住んでる日本人は、僕を除いては会ったことがないという感じでした。それもあってか、マレーシアに住んでいる日本人の人たちは僕のことをすごく珍しがったり、かわいがったりしてくれて、よく食事にも誘ってもらいましたし、「日本人の起業家だよ」といって、現地の投資家や資産家の人たちを、次々に紹介してもらいました。

本当はそのとき、僕はもう起業家でもなんでもなかったのですが、そうやって暮らしていく中で、毎月100万～200万円くらいの売り上げにはなってきて、これならなんとか日本での借金を返していきながら、やっていけるな。このままずっとマレーシアでやっていくのもいいかなと思っていました。

それで、マレーシアで生活するようになって、1年ぐらいたったころです。「1800」、ワンエイトハンドレットという会社をつくりました。「1800」という社名はフリーダイヤルからとりました。「何でも対応します。あなたのカスタマーサポートです」といったイメージでつけた社名です。

1800社では、いろいろな紹介ビジネスをしていました。紹介をしてマージンをもらう仕事です。それなりに順調に仕事もしていたし、売り上げもあがってきた。僕は日本で起業したあと、大失敗を繰り返して、いろいろあって、もう日本で暮らすのは難しいなと思っていたので、マレーシアでの生活がどんどん居心地がよくなっていきました。

順調だが……自問自答の日々

でも常に、これでいいのかな、僕がしたいことってこれだったのかな、と自問自答していました。日本で生まれて、19歳で起業。こんなことがやりたくて起業したんだっけ。日本でやっていけなくなって、逃げるようにマレーシアに住み始めて、マレーシアが居心地よいからといって、ここで日銭稼ぎをしていくために人生かけて起業したんだっけ……というふうに、毎日、自問自答していました。

このころ、コンドミニアムを借りて、一人で生活し始めました。笑い話ですが、英語もろくにできないので、家具を買いに行っても、家具が1個も届かないとか、そんなこともありました。だだっ広いリビングの床にノートパソコンとスマートフォン、モバイル Wi-Fi だけで生活していたので、夜中になると、一人で考える時間がすごくあった。いろいろなことが頭に浮かびました。あれ？　これでよかったのかな、これが本当に僕がやりたいことなのかな。1年後に死んだら、後悔しないかな……と。

自分から返ってくる答えは、いつも、「後悔するよね」でした。それが続く限り、ずっと心の中のもやもやがたまっていって、「1800社」は順調に売り上げを伸ばしていたのですが、それでもやっぱり日本に帰りたい、もう1回、日本で日の当たるところで自分の起業家生命を懸けた勝負がしたい、何かチャンスはないか、きっかけはないか、何でもでもいい、誰でもいいと常に思っていました。

それが、鈴木さんと飛行機の中での偶然の出会いの瞬間に、自分の思いが爆発した理由かもしれません。

その３　日本市場で二人の思いをリベンジ！
——政治から日本の通信行政を変える！（執筆：鈴木）

私は、ウィルコムが、周波数免許を獲得するために無茶な経営をしていたことを目の当たりにしていました。総務省から副社長を受け入れる人的な交流まで行なって、周波数帯を獲得しておきながら、ウィルコムは経営破綻しました。経営破綻後は、社長、上席役員が去ったあとに、経営再建役員として東京地方裁判所の任命を受けて死に物狂いで働きました。

役員報酬は返納で、個人としても会社としても大変な思いをしながら働きました。社員の協力、取引先企業の協力、銀行の協力、裁判所から任命された管財人の方々の協力とスポンサー企業（ソフトバンク）の支援によってウィルコムは再生ができたことは第一章で述べました（現在はワイモバイルとなり、ソフトバンクの一事業として再生）。

このときに私は、政治家になろうという決意をしました。

この国の通信行政を変えないと、日本のＩＣＴは成長しない。この新しい産業セクターが伸びないということは、この国の国力も伸びない。制度を変えるために政治を志そうという思いからの決意でした。

大手通信会社であっても経営を間違えると破綻する。ウィルコムが破綻する前、北海道の夕張市が行政として破綻したニュースを見たとき、私は衝撃を受けました。行政も大手も経営を間違えると破綻してしまうのです。私は、破綻した企業で、裁判所からの任命で経営再建役員として死に物狂いで働きました。当時は、苦しくて何度も退任を考えましたが、無事に再建ができると安堵感が訪れ、燃え尽きた虚無感と目標を失った気持ちでいっぱいでした。

当時40代前半。その後もＩＴ企業で働こうと思えばできたのですが、私の中では、「人生の後半は、経営再建での経験を地域や社会のために使いたい」と強く思うようになりました。日本の市町村の財政状況を調べると、夕張市のようになってもおかしくない自治体が多いということがわかりました。

この二つの理由が私の心を政治の道に突き動かしたのです。

と、このように言うと非常にカッコいいのですが、このような気持ちになったのは、エアアジアＸ「Ｄ７５２２便」で木野さんと出会ったからだと思います。役員を退任したばかりのころは、燃え尽き症候群で何もやる気が起きず、家でプラプラしていました。スポンサー支援をしてくれたソフトバンクから役員慰労金をいただいたことで、当面の生活も困らなかったので、退任直後は腑抜け男でした。真っ昼間から酒をくらい、ゴルフ三昧という中年プータロー。

子どもが塾に通って勉強しているにも関わらず、父親は酒とゴルフ三昧。しょうもない父親でした。ばかげた通信行政を行なう政治も嫌、こんなことをしているから日本は成長しないんだと、半ばヤケになり、何もかもが嫌になって海外移住を考えるようになったのです。海外移住を決めると住む場所の確保も必要になる。そのために成田とクアラルンプールを往復する日々を送っていました。

その3 日本市場で二人の思いをリベンジ！——二人の想いがクロス「X」する（執筆：木野）

漫画「サンクチュアリ」の世界！

僕は19歳で起業したのですが、そのときたまたま読んでいた漫画『サンクチュアリ』がバイブルになりました。池上遼一先生の『サンクチュアリ』です。

『サンクチュアリ』には二人の主人公がいて、それぞれ、幼少期は劣悪な環境で育つんですね。

何度も死にかけながらも生き延びて、一人は総理大臣をめざす。政治家になって日本を変えるんだといって。もう一人はやくざの世界でトップになるんです。表の社会と裏社会、それぞれがそのトップに立って、二人で日本を変えていこうと誓い合い、その実現に向けて奮闘する漫画です。

エアアジアの飛行機で偶然出会ったあと、直接お会いしたり、メールのやりとりをしていました。そのうちに鈴木さんは政治家を志していくのですが、それで思い出したのです。

なんだ、僕たち、『サンクチュアリ』のようじゃないか、って。

鈴木さんが政治の世界を志す。僕はやくざではないですが、将来、一部上場企業の社長になって、会社を大きくして、大企業になって、起業家としてトップになろうと。途中、いろいろあっても、二人があきらめず、途中で脱落したり、再起不能になったりせずに、すべてを乗り越えてトップに立ったときに、この国を大きく変えることができるんじゃないか、なんて思っているのです。妄想です。でも、妄想しなければ、実現もありません。

鈴木さんは政治の世界に行く。普通のサラリーマンだった人が政治の世界をめざすんです。簡単なことではないです。そして僕は、通信ベンチャーをゼロから立ち上げる。お互い、死ぬ気でやって、不可能に近いことをそれぞれが動き出して、いつか二人の想いがクロスして、それが形になっていく日を楽しみにしながらやっていこう。

これに僕はものすごい熱を感じて、大きな大きな原動力になりました。

だから、鈴木さんが紆余曲折あって初当選して、そして、僕も紆余曲折あってブレークイーブンを達成して再会したときはとてもうれしかったです。

その４　三軒茶屋の焼き鳥屋で事業計画をつくる日々
――リサーチ＠アジア（執筆：木野）

ＳＩＭとは何かを知るために、再びマレーシアへ

鈴木さんと出会ってエックスモバイルをやろう、命がけでやろう、と決めたはいいものの、僕は通信業界についてまったく無知でした。ＳＩＭという言葉も、鈴木さんから聞いて初めて知ったくらい、何も知らなかったのです。

そういえば日本に住んでいたころ、ソフトバンクのショップで、店員さんがスマホから小さいチップみたいなものを抜き差ししたな、あ、あれがＳＩＭか……と思い出した程度。そんな

次元だったのですが、エックスモバイルをやると決め、これに人生をかけると決心していた。鈴木さんとは、1カ月後に三軒茶屋で焼き鳥でも食べましょう、そのとき通信業界のことをいろいろ話しましょう、と約束してもらいました。でも、そのときに、「あ、こいつ、何もできなさそうだな。役に立たないな」と思われたら、それで縁は終わってしまう……。それでは困るんです。

鈴木さんと会うときに、最大限、自分をよく見せるには、どうしたらいいだろうと考えて、一度、マレーシアに戻りました。マレーシアの携帯ショップをまわって、いろいろ勉強しようと思ったんです。

マレーシアのびっくり携帯事情

マレーシアに着いてすぐにタクシーに乗って、「どこでもいいから、携帯ショップに行ってくれ」と告げたら、「携帯ショップ？　なんだ、それ」という感じでした。聞くと、マレーシアには、日本のようなドコモショップやソフトバンクショップのような店はないというのです。じゃあ、みんなどこで携帯買うのかと聞いたら、「プラザ・ローヤットだ」というので、そこに連れていってもらうことにしました。

プラザ・ローヤットの様子（写真：携帯電話研究家 山根康広氏提供）

プラザ・ローヤットまで、クアラルンプールの空港から市内までは1時間くらいかかるというので、その間、タクシーの運ちゃんと携帯の話をしました。片言の英語で。

携帯料金の話になったとき、僕はもう本当に驚きました。僕は、日本で買ったスマホのままマレーシアに行っていたので、携帯料金は月に2万円くらいかかってた。そう話したら、彼が「Are you crazy?」って。おかしいんじゃないのと言うんです。

マレーシアの1Ringgit（リンギット）は、当時、日本円で20円程度だったので、「1,000 Ringgit per month」と言ったと思うのですが、そうしたら、「Are you crazy? Per year」それは1年分だと。いやいや、これ1カ月分だよ、日本人みんな1カ月に1万から2万円払ってるんだよと言ったら、

「日本人ってお金持ちだねぇ」と呆れられました。
マレーシアの平均的な携帯料金を聞いたら、「100 Ringgit per month」と。1カ月で2000円だというんですよ。そんなバカな、1カ月2000円で携帯が使えるわけがないと言ったら、運ちゃんはニヤッと笑って、「プラザ・ローヤットに行けば、すぐにわかるよ」と。

そして、プラザ・ローヤットに着きました。外観は、日本でいえばイオンモールのような大きなショッピングモールでした。この一画に携帯ショップがあるのかなと思ったら、なんと、このショッピングモール全部が携帯ショップ！　これにはびっくりしました。

さらにびっくり携帯売場

まず1階全部がSIM売り場なんです。20社ぐらい。Digiとか、U-mobileとか。いろいろな携帯ショップがずらっとあって、SIMだけ売っているのです。
そこでSIMを買って、エスカレーターで2階に行くと、ずらりと携帯端末が並んでいまして、ここでもまたびっくり。Sony あり、Apple、Samsung、Huawei……などなど。新品のハイスペック端末。で、それぞれ機種の種類もめちゃくちゃ多い。Xperiaだけで、どれくらいあったんだろう。日本のドコモショップの何十倍もありました。

日本だと、携帯端末が何万もしますよね。下手したら、10万円とか。料金プランや何かで組んで、実質0円とかになって、金額の高さが見えにくくなっていますが、本当はとても高いわけです。でも、プラザ・ローヤットの端末売り場では、高い機種でも2万円程。ブランドにこだわりがなければ、数千円でスマホが買える。

え、何これ――。

1階でSIMを買って、料金をみてもらったら、それが1800円。2階で6000円の端末を買って（2階の携帯ショップでは端末しか売らない）それを持って1階に戻って、ハイって、さっきのSIM屋さんに渡したら、ものの10分でアクティベーションして、開通して、僕の携帯番号ができました。はや。日本の携帯ショップだと2時間かかりますよ（笑）。

1階のSIM売り場には約20社の店があった。2階が一流メーカーの端末売り場。3階は、聞いたことがないようなメーカーが並んでいましたが、そうしたメーカーの端末。すごくたくさんありました。4階は中古スマホや、ケース、その他いろいろなアクセサリー関係。5階は携帯の修理屋さんなど。大きなショッピングモール全部が携帯電話のお店という、すごい場所でした。

実は日本がびっくり市場だった

これが世界のスタンダートなのか？　すげぇ。でももしかしたら、マレーシアだけなのかもと思って、またエアアジアに乗って、シンガポール行って、香港に行って、タイに行って、ぐるっとまわったのですが、どの国もマレーシアと同じでした。やっぱり、これが世界のスタンダードなんだ。実感しました。

日本だと、携帯を買うには、ドコモやａｕとかのショップに行かなきゃいけない、２時間待たなきゃいけない、高い、端末の種類は限定的、ＳＩＭだけは買えない。え、なんだ、この日本のガラパゴス状態――。

自分で各国まわって体感したことで、この業界により強く興味を持ったし、このことに気づいているのは、日本で僕だけなんじゃないかと、ものすごいチャンスを感じて、わくわくしました。どんな地獄が待っているか、そのときは全然想像できなくて、いいことしか考えていなかったんですけど（笑）。

よっしゃ、俺、携帯キャリアつくろう！　４社めの携帯会社、つくれるじゃん。と、そのいきおいで、三軒茶屋の焼き鳥屋で鈴木さんと会い、いろいろ話しました。

その4　三軒茶屋の焼き鳥屋で事業計画をつくる日々
——発起人 鈴木×木野（執筆：木野）

人生には涼しい顔が必要

鈴木さんと焼き鳥を食べながら、通信業界のことをいろいろ教わりました。SIMのこともっと詳しく。その他、OABJサーバーとか、帯域とか、MVNO、MNO……。正直、どの言葉の意味もわからない。ちんぷんかんぷん。でも、それを悟られて、鈴木さんにここで切られたら、僕の命も切られるみたいなもんだと思って、わかったふりをして、ふんふんとうなづいていました。あとでググって、勉強するつもりで。

そして、お願いしました。

僕、この事業を本気でやるんで会社を設立したいと思います。鈴木さん、僕、社長で、めちゃ走るんで、援護射撃してくれませんか、一緒に会社に入ってくれませんか、とお願いしました。

鈴木さんは、しばらく考えて、こうおっしゃいました。

「僕は通信業界を長くやってきたし、自分自身が通信業界にもう1回入って再チャレンジするというのは、圧力もあるし、つぶされるかもしれない。木野くんのことは応援するけども、僕が取締役に入ったりっていうのはちょっと難しいかな」

鈴木さんの立場を考えると、確かにそうです。自分が入ることでつぶされないように、ということも考えてくれた。あまりしつこくお願いして、気分を害されたらもっと困る。だから、会社に入ってもらうことはあきらめて、「わかりました」と言いました。

しかし、発起人にはなってほしいこと、出資もお願いしたいことを相談しました。当時、僕は全財産5万円で、家も借りられず、ネットカフェで生活しているとは、とても鈴木さんに言えませんでしたが……。

最初の設立に必要なお金は僕が用意すること、だから、鈴木さんにも発起人として少し出資をお願いしたい、と。発起人であればホームページにも載らないし、謄本にも載りません。だから、鈴木さんがエックスモバイルにかかわっているということはわかりません、と。公証役場に行って定款を見なければわかりませんから、と、ない知恵をしぼって考えて、お願いをしました。

そうして、発起人として応援するという約束をとりつけたのです。

……が、そのあと衝撃の金額が。「次に会うときまでに、会社の設立準備と資金をある程度用意します。最初にいくらぐらいかかりますか」と聞いたら、「ざっくり、1億円くらい」と言われたので、え、1億？　と思いましたが、「わかりました。用意してみます」と答えたんです。5万円しか持ってなくて、そのままネットカフェに帰るのですが、そのときは、涼しい顔で、そう答えました。

帰り道の1円

印象深く覚えてるのが、鈴木さんと一緒に駅に歩いていって切符を買うとき（僕はSuicaを持っていなかったので）、地面に1円が落ちてたんです。みんな、その1円を素通りしていましたが、僕はホームレス時代、空き缶を1個1円に変えて、生活をしていたので、1円落ちてると思って拾ったんですね。

その1円を拾った僕の様子を見て、鈴木さんが、「木野さんって成功するかもしれないね」と言うんです。え、とたずねたら、「そうやって小さなことに気がつくんであれば、なんとなくそう思っただけだけど、まあ気にしないでね」って言われました。

そう鈴木さんに言われてから、ずっと1円を拾っています。そこから8年間、駅で1円初めて拾ってから8年間の間に、トータルで100円ぐらい拾ったと思います。まだ成功していないので、これからも拾い続けると思います（笑）。

その4　三軒茶屋の焼き鳥屋で事業計画をつくる日々
――新ビジネスの構想 ～勝機は流通戦略にあり～（執筆：鈴木）

木野さんが呂蒙（りょもう）になっていた

日本に帰国してしばらくすると木野さんから連絡がありました。事業計画をつくりたいので教えてほしいということでした。「男子、三日会わざれば刮目（かつもく）して見よ」という言葉がありますが、この言葉は木野さんのことを言っているのではないかと思うほど勉強をしていました。

通信の基本的な用語やシステム、ビジネスモデルも粗削りではあるが、理解していました。飛行機で話していたときは、用語を解説しながらの説明でしたが、帰国後しばらくしてからの打ち合わせでは別人でした。彼は、海外の通信会社のビジネスモデルを日々の生活で体得していたので、日本のビジネスモデルを理解すると、私が指摘した日本のおかしな部分をスポンジのように吸収していきました。

（※呂蒙（りょもう）：中国後漢末期の武将。三国志の英雄。孫策、孫権に仕え、数々の戦功を立てた）

木野さんの見出した活路［Place］

私たちは、この世界標準と日本のローカル基準の差を埋めることで、国内に安くて高品質な通信サービスが提供できると熱く語り合いました。その結果、当時はなかったＳＩＭフリーのモバイル通信会社として大手とは明確な差別化を図ることになりました。

これにより、日本人が知らない世界中のおもしろい端末が使えるようになる。当時の木野さんは、世界中を飛びまわり、変わった端末を仕入れては私に自慢していました。また、端末と通信をセット販売しないことで、ユーザーに利用の自由（いつでも解約できる）という便益を提供することにしました。

大手通信会社で契約を行なうと店頭で長時間待たされ大変な時間を要します。私は、受付から開通までネットでできるようにしようと目論みました。しかしこの流通政策に関しては、木野さんには独自の考えがあり、ネットではなく、むしろ対人で受けつけることを選んだのです。現在のエックスモバイルの成長の要因は、木野さんが選んだ流通戦略であったと思います。

彼の流通戦略は、保険代理店や不動産屋、ガソリンスタンドなど、既存の携帯電話流通ではない、新しい業態を携帯電話の流通機能に変えていくことでした。これは、とてもよい戦略でした。

既存の大手通信キャリアの代理店は、名前こそ大手の通信会社の看板は掲げていますが、実際は中小企業のオーナー社長が中心。彼らは、大手通信会社から販売コミッションを得ています。いくらエックスモバイルが高額な販売コミッションを提供しても切り替えることはしないし、まして高額な販売コミッションを支払うことはサービス料金が高額になり、利用者にメリットが生まれません。

しかし現在、人が集まる窓口やカウンターで携帯電話を併売してもらうのであれば、流通会社にも負担はかからずに、スタートができます。このような木野さんのこだわりにより、マーケティング用語でいう4pのうち、Placement（流通）は独自の路線でスタートしました。

◎コラム１　謎の男とA研究生の会話　「出会いとマーケティング」

A研究生　緊急事態宣言で研究室が閉まってて、先生と雑談ができないよ〜。かといってこんなことZOOMで聞けないしな〜。くっそ〜コロナのばかやろぉ〜。

謎の男　ふぉっふぉっふぉ……どうしたんだね、お嬢さん、私が聞いてしんぜよう。

A研究生　あなたは一体、どなた……!?　ま、いっか。この際、誰でもいいから聞いちゃえ！　そこの優しいおじさま、第Ⅰ部では、ものすごくたくさんの「人」との〝出会い〟が出てきました。木野さんの果たした、このたくさんの〝出会い〟って、マーケティング的に、なんかとっても重要なヒントがあるような気がするんです！

謎の男　ふぉっふぉっふぉ。よく気づいたのう。〝出会い〟はマーケティングにおいて重要な要素なんじゃよ。まず、順を追って〝出会い〟について考えてみようかのう。マーケティング的に考えてみるのじゃな。

A研究生　ええと、順を追って……。まずは起業の原点である、レストランオーナーとの出会いですね。うん、これって職業選択という観点からみると、消費者の購買意思決定プロセスで説明できるような気がします！
19歳の青年が、将来カッコイイオジサンになりたいと思った。現在と未来像へのギャップがあり、問題意識が生まれましたよね。その解決策が「企業家になる」。その後の木野さんのすさまじい起業遍歴をみると、この19歳の解決策の決定がいろいろな意味で興味深いです！

そして、19歳～28歳までの約10年間、起業業種の選択をし、実行し選択後の再評価をする、という繰り返しですよね。業種の再購買（再選択）はなかったわけですが……。

謎の男　では、その後、マレーシアにいってからの後半の〝出会い〟はどうじゃな。

A研究生　はい、コチョウランの仕入れ業を行ないつつ、「何か」を変えたい、という問題意識を持っていた。そんな中で、リチャードブランソンやトニー・フェルナンデスとの〝出会い〟。正確には

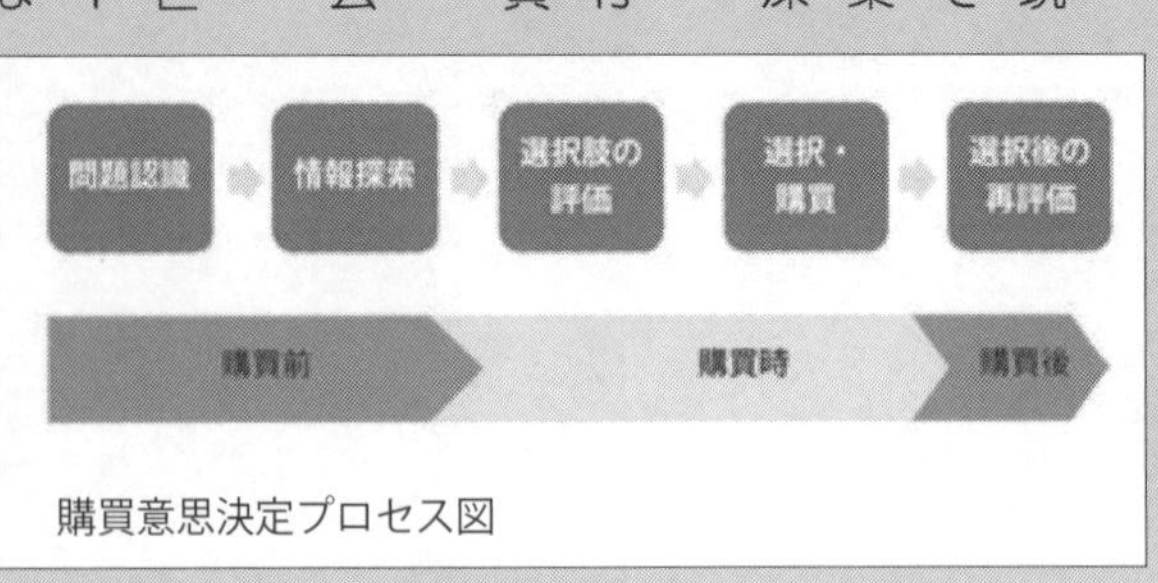

購買意思決定プロセス図

さまざまな情報探索を行ない、「業界に風穴を開けるような事業」を考える日々。そこに、エアアジアでの鈴木さんとの〝出会い〟――正確には「携帯電話のＬＣＣ事業」という選択肢に出会い、これだ！という選択を行なったわけですよね。現在は実際に購買（起業）を行なっている真っ只中、という状況でしょうか。

謎の男　おもしろい視点じゃのう。出会いについては、「偶有性」という概念でも説明できるが、これは新倉君に詳しく教わるのじゃな。

Ａ研究生　はい、どうもです！（新倉君、て？　このおじさまは、いったい何者なんだろう？　業界の重鎮⁉）

第Ⅱ部

突然の〝別れ〟

第3章 代理店開拓

その1　いざ起業へ（執筆：木野）

1000年の借金返済計画

会社の立ち上げは本当に大変でした。こんなにも、再度起業するのは大変なんだなと思いました。まず、マレーシアから帰国したときの全財産は5万円でした。起業する以前に、日々の生活もまともにできない状態。具体的には家が借りられなかったので、マンガ喫茶やネットカフェなどに寝泊まりをしていました。また、移動はヒッチハイクか高速バス、もしくは各駅停車の電車で移動するしか方法はありませんでした。ヒッチハイクでお世話になった皆さんには、今、あらためて、お礼を言いたいです。

そして、会社の設立資金。具体的には300万円とか500万円という資金を、なんとか借りれないだろうかと考えて、銀行や日本政策金融公庫などに出向いて、何度も面談をして申し込みました。保証協会にも行きました。過去に多大なる迷惑をかけてしまったことは重々承知の上で、分割払いの交渉をしました。代理弁済をした以上は、銀行から借りることは難しいだろうとわかってはいたのですが、ほかに方法がなかったので……。保証協会と連絡をとって、分割の支払い計画を相談しました。１０００年払いです。むちゃくちゃな、わけのわからない交渉もしました。年間１万円で１億円返済しようとすると１万年かかってしまう。だから、初年度は年間１万円、２年めからは月１万円の返済で、年間12万円。合計１０００年で１億円返済します、と。いったい何行まわったのか、わからなくなるほど銀行にお願いをしてまわりましたが……ついに銀行はどこも貸してくれませんでした。

でも、ある方法で、本当にギリギリの方法で設立資金を集めることができたのです。

魔法のような、映画の中のできごとのような。返済もすべて済みました。１億円の借金は、５年ほどで全部、返すことができました。あとで、詳しく書きます。

10月10日、清水寺での決意

会社を立ち上げるなら、どこで立ち上げようかと考えていました。昔の起業で失敗した名古屋は、気持ち的に無理。それから、いつ立ち上げようかも考えました。社名をエックスモバイルにすることは決めていたので、エックス……エックス……「X」はtenなので、じゃあ、10月10日にしよう。日にちは決まりました。

２０１３年の10月10日、たまたま大阪に用事があったんです。前日の９日に大阪入りしてネットカフェを探したのですが、あいにくいっぱい。そこで京都に移動して、宿に泊まることにしました。

そこの女将さんから、「あなた、何してるの？」と聞かれたので、、今から携帯会社をつくろうと思うんだ、と。日本で４社めの携帯電話会社をつくって、日本人の携帯を安くするんだ。この業界に風穴を開けようと思っているんだという自分の夢を、まったく初対面の女将さんに語っていました。女将さんは全然、わけがわからなかったと思うのですが、「今日から新しいこと始めるなら、清水さんのとこ行っておいで」と言ってくれたんです。

清水の舞台から飛び降りるという話がありますね。それくらいの覚悟でという願掛けのようなものだと聞いたことがありました。昔は本当に飛び降りる人がいたようです。聞いた話では、飛び降りた人のうち25％くらいは亡くなったそうですが……。もちろん、僕は飛び降りませんが、それくらいの覚悟、そんな気持ちになるのか、と。

初対面の僕の話を真剣に聞いてくれた女将さんがそう言うのなら、行ってみようと思いました。そして、２０１３年10月10日の朝６時に行ってきたんです。

清水の舞台に立って、そこから京都の景色を見たときに、なんてきれいなんだろう、と。よし、通信革命、通信維新を起こしていこう、この地から始めるんだ。そう決心しました。

それまで事業を立ち上げては失敗し、ばかにされて、日本にいられなくなり、逃げるようにマレーシアに行って、一人で生活して、日本に帰ってきてからも家を持てず、ずっとマンガ喫茶やネットカフェで寝泊まりして、ネットカフェ難民しながら会社の事業計画書をつくって……。銀行借り入れができなかった理由の一つに住所がないというのもありました。電話番号もなかったですから。

でも、清水の舞台から見た景色がとてもきれいで、そんな過去への反省や口惜しさをみんな流してくれた気がします。今日、この地で、エックスモバイルを始めるんだ、そう決意して、宿に戻りました。

堀川御池の交差点の近くの、もうその足で、女将さん今日、会社つくるから、今から事務所借りてくるからと、京都ライフという賃貸ショップに行って、いろいろまわって、アパートを借りて、会社を立ち上げました。

ちなみに、今だから言いますが、そのアパートは電波がまったく通らなくて、電話会社をつくろうとしていたのに電話がつながらないという惨状でした。それがエックスモバイルの立ち上がりです。

その2　事業に突き進む！（執筆：木野）

あきらめたら終わり。1億をどう集めるかのナンパ大作戦

飛行機の中で鈴木さんに、独立系で携帯電話会社（ＭＶＮＯ）を立ち上げるんだったら、いくらぐらい必要なんでしょうかと聞いたところ、「ざっくり言って、最低、30～40億円ぐらいは必要なんじゃないかな」と言われました。30億円て、想像つきますか？　もう、とてつもない金額ですが、そうか、本来ならそれくらい必要なんだ、でもそんなの、当時の僕には集められるわけがなく、でもそう言ったら、終わってしまう、縁も希望も切れてしまうと思ったので、これまた涼しい顔で、「30億は、今は無理なんですけど、たとえば最低、最低いくら必要だと思いますか」とたずねました。当時の全財産5万円くらいだった僕の、精一杯の演技です。

すると、システム開発のための費用、保証金も必要。保証金というのは、通信会社に対して支払う費用ですね。端末の仕入れも必要。それらいろいろを考えると、最低でも1億円は必要だろうと言われました。1億。途方もない金額でした。

それで、最初は、先述したように銀行をまわったのですが、どこからも貸してもらえません

でした。昔の知り合いに頼んでみようかとも思いましたが、結果は目に見えているので、やめました。でも、どうしても僕はエックスモバイルをやりたかった。この事業を自分の人生の最後の事業にしようと。やり切ったらそこで人生を終えようと思うくらいの、その気迫でスタートしたので、お金がないなんていう理由であきらめたくなかったんです。

じゃあ、どうしようかと考えたときに、高校時代のアルバイトのことを思い出して、そして思いついたんです。そうだ、とにかく、だれかれかまわず声をかけてみよう、と。言ってみれば、ナンパ。

高校時代、何のアルバイトをしていたかというと、『ソムリエ』という漫画を読んで、ソムリエやバーテンダーに憧れて、年齢を偽ってワインバーの面接を受けたんです。ワインバーでは不採用でしたが、系列のキャバクラとホストクラブに入れと言われました。ホストクラブに夜中の12時に出勤して、朝6時まで働いて、夕方6時からはキャバクラで片づけ、準備をして、夜の9時になったらキャッチに出て、さらにスカウトやって、みたいなこともやっていました。

それを思い出したら、知らない人に声をかけるのは平気だなと思ったんです。

知らない人に声をかけて、新しい携帯会社立ち上げのプレゼンを聞いてもらって、ひょっとしたら、その中にお金出してくれる人がいるかもしれないと思って。よし、そうしよう。ほかにやることないし、やれることもない。どうせこのまま銀行をまわっても無理ならば、やってみようと考えました。

まずは東京の歌舞伎町から声かけをスタートしました。声をかけても、ほとんどが無視される、あるいは、うっせーわ、邪魔だ、と言われ、蹴られたり、殴られることもありました。歌舞伎町はガラが悪いなと思って、表参道に移動しましたが、表参道でも同じような反応でした。

そこで都内はあきらめて、次は、東京駅から新幹線のグリーン車に乗っている人を考えました。グリーン車に乗るような人はきっとお金持ちだろうと思って、グリーン車に乗っている人たちがトイレに行くときや、喫煙所にいるときに話しかけたり、名刺交換をしたりしました。意外にも皆さん、紳士的に対応してくれましたが、でも、この人たちが資金援助をしてくれる可能性はゼロだなと直感しました。

そのまま大阪に着き、心斎橋などで声をかけはじめました。東京よりも反応がよく、何人かに話を聞いてもらえたのですが、出資を承諾してくれる人は……見つかりませんでした。

タケダさんとの出会い

はじめは声をかけて、カフェなどに誘って話を聞いてもらっていたのですが、それだと、時間がないと言って断わられることも多い。せっかく立ち止まってもらっても、その時点でだめ

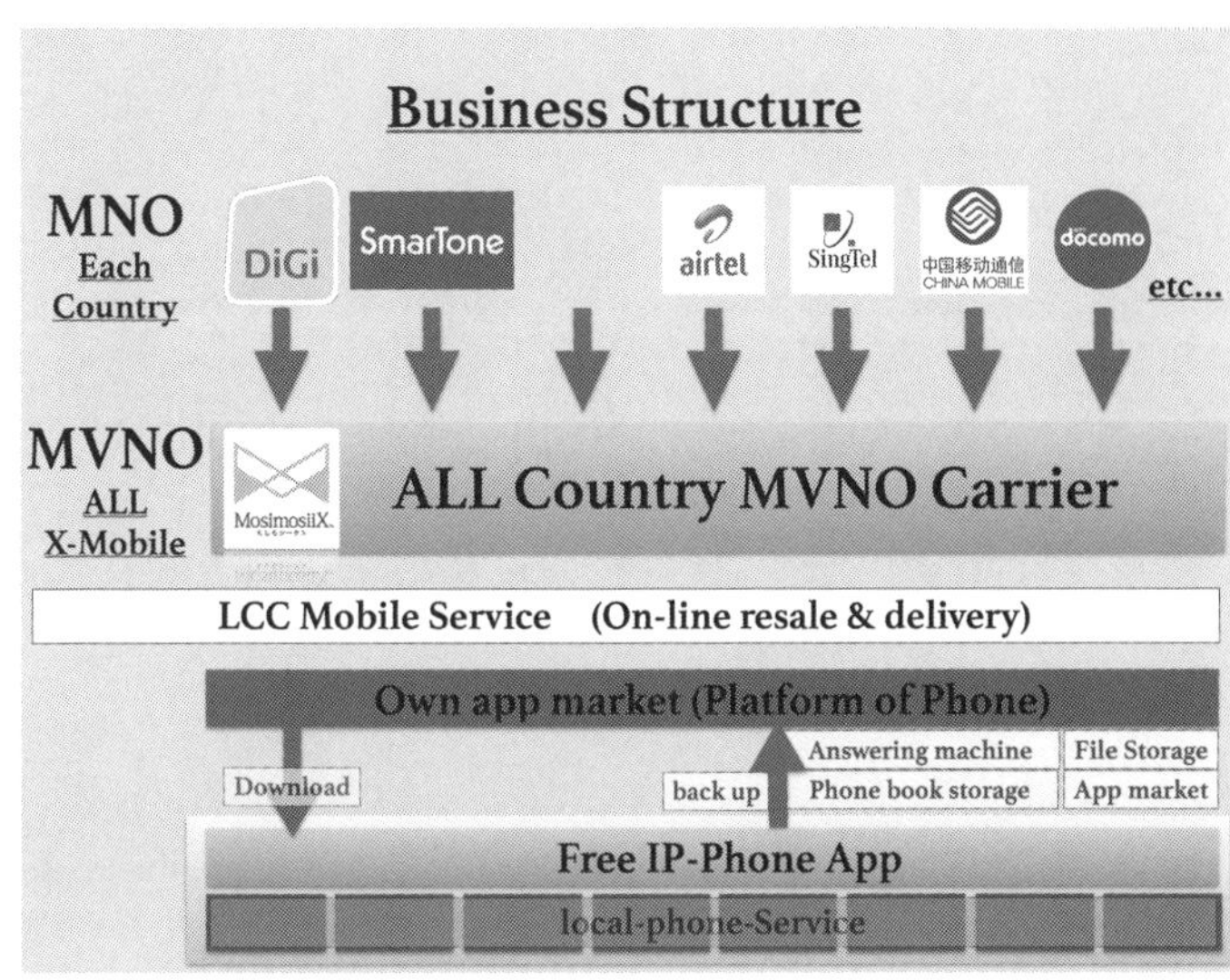

ネットカフェでつくった事業計画書

だと時間も惜しい。そこで、カフェで声をかけようと考えました。「相席、いいですか」と言えば自然だし、と思って。今、考えると、それも十分、不自然ですが（笑）。

それで、心斎橋の日航ホテルで、裕福そうな男性がいたら、相席をして、プレゼンをして……というのを繰り返しました。歌舞伎町から数えたら１０００人以上には声をかけたでしょうか。３日め、ある男性に「相席いいですか」と声をかけた時です。その方は、「どうぞ」と言ってくれて、そして、「おとといもいたね」と言われたんです。

「何、営業してんの？　保険？」と聞かれて、営業じゃなくて、自分の会社なんです、と言うと、「へぇ、ヒマだから聞いてあげるよ」と言ってくれた。僕がネットカフェでつくった事業計画書、と言ってもペライチの簡単なものですが、それを見せて自分のビジョンや夢、これまでのことを話しました。

そうしたら、その人が、「何人、声かけたの」「何人、お金を出してくれたの」と聞いてきたので、正直に、1000人以上は声をかけました、そして、嘘をついてもしょうがないから、まだ0人です、と答えました。

その人は、「0かよ。がんばってんな……」、「じゃあ、俺がここで君に金出してもいいよって言ったら、君にとって一人めの男になれるんだ」って言うんですよ。思わず、「そうです！初体験の相手になります」と答えていました。

運命と奇跡の8000万円

その時のことを、僕は本当に鮮明に覚えています。タケダさんという方だったのですが、100万円出すと言ってくれました。

でも、僕が必要な金額は1億円です。それまで約1週間かけて、1000人以上に声をかけて、やっと100万円。それだって相当な幸運なのですが、1000人以上声をかけて100万円ということは、1億円集めるまでには、10万人に声をかけなければいけない計算になる——。

これ、永遠にエックスモバイルできねえと思って、もうこの人と出会ったことも運命だと思い込みました。運命、大好きです。これはもう運命だ、ここが大事な瞬間だと覚悟をきめて、「タケダさん、出してくれるのうれしいです。でも、１００万円だとすぐ消えちゃいます。僕、1億いるんです、もっと出してくれませんか」とお願いしました。

そのあとのタケダさんが、本当に、すごかった。すごい人に出会えた。運命に感謝しました。僕が「もっと出してほしい」と言ったら、めちゃめちゃ笑うんですよ。笑いながら、「おまえ、それは無理だよ。１００万円だったら、カジノでスったと思って忘れられる金額だけど、おまえ、だって、まだ何もねえじゃん。何もやってねえじゃん、それは無理だよね」と言われました。

確かにそのとおりです。でも、食い下がるしかない。僕はそこで、他にいませんか、タケダさんのように１００万円出してくれる人、いないでしょうかと聞いてみました。

タケダさんはガラケーの電話帳を開いてくれて、「あいうえお」のあ行から、「こいつは友だち」、「こいつはちょっと駄目だ」、「こいつも無理だよ」と、ぽちぽちとやってくれました。すると、「こいつは今日、飲むよ」という人が！　すかさず、「今日、飲むんですか。そこ、行きます」と喰いついて、夜、心斎橋の居酒屋でプレゼンさせてもらいました。

その居酒屋で、なんだかよくわからないけど、やるんだったら俺も金出すよと言ってくれる人が何人もいて、その日一日で２０００万円くらい集まりました。そこからまた紹介、紹介でつなげてくれて、自分でも、いろいろなホテルに行って、また声をかけて……ということを繰り返して、最終的に2週間で８０００万円程、集まったんです。

どこの馬の骨ともわからない僕の話を聞いて、お金を出してくれた本当にたくさんの人たち。１００万円の方もいたし、50万円の方も、10万円の方もいた。３０００万円も出してくれた方もいます。今、本当に感謝をしています。全額、お返しさせていただきました。株に変わった人もいます。

１億円には至らなかったけれど、これがエックスモバイルの立ち上げ資金になりました。

その３　政界への進出（執筆：鈴木）

ビジネス界との決別

日本からクアラルンプールの移住を考えていた私でしたが、木野さんと定期的に三軒茶屋の焼き鳥屋で事業計画を立てているうちに、「本当に日本を去っていいのか？　まだ40代で、次に挑戦することなく、国外に出ることは逃げなのではないのか？」と自問自答するようになりました。

私は、ウィルコムの経営陣の一角を担いながら、いつも日本の通信行政に疑問を感じていました。周波数帯をもらうために異常なほど総務省に気を遣う。また総務省のキャリアを受け入れる天下りにも疑問を感じていました。さらに言えば、世界と比較して、非常に高額な料金を日本人は払い続けている。家庭での通信料金が固定と各人の携帯分を足して、10万円以上になっている家庭も多いのではないでしょうか。

当時は、ＳＩＭでロックされているので、世界中の安い端末が利用できない状況でした。また、端末と通信がバンドルされているので、利用者都合で解約もしにくい状況。こんなことをいうと語弊があるかもしれませんが、だから、通信業の従業員の給与は一般業種に比べると高額です。高額な給与といえば、ＩＴ業界も同じですが、ＩＴ業界は免許事業ではないので、国は関与していません。あくまでも企業の厳しい努力で高い報酬を維持しています。

しかし通信業は、免許事業なので参入障壁が高く、高いハードルを最初だけ超えれば、高い利益を得られ続けることができる業界です。また、総務省とよい関係を築けていれば、このオイシイ業界から弾かれることはありません。こんなことをやっているのは、世界中でも稀であり、結果的に日本独自のビジネスモデルが成長したのです。

現在、総理が自ら携帯料金を下げる陣頭を指揮していますが、このような構造にメスを入れない限り、本質は変わりません。周波数帯の割り当て方法をどうするのか、免許制度のあり方など根本的な制度を変えられたら、多くのアイディアを持つベンチャー企業が参入し、競争が生まれ、結果的に料金は下がると思います。構造に手を打たない改革など、表層的で時が過ぎれば本質は変わらないということになります。

こんな状況を変えたいという思いが心の奥にあったからこそ、木野さんの事業計画に協力し、手伝ったのだと思います。心の奥に、エックスモバイルこそが通信業界の風雲児にならなくてはいけない、これが利用者、ひいては日本のＩＣＴ業界を成長させることになると本気で思い始めたのです。

政界をめざす

木野さんと三軒茶屋で会って、やり取りしている時期に、昔の部下たちから飲み会に誘われました（この話は拙著『ビジネスマンよ　議員をめざせ！』〈日本地域社会研究所　２０１９〉に詳しく出ています）。

昔の仲間たちからすると、単純に「久しぶりに飲みましょう」という感覚だったのだと思います。しかし、多くの人に声がけをするために幹事が、「鈴木さんが政界に出る」と冗談を言って連絡をして集まった、というのです。もちろん、皆と会ったときに、「いつ出馬するのですか？」とたずねられて、最初は私も何のことかわからず、「何を言っているの？」という感じでした。しかし、「嘘から出た真（まこと）」という言葉がありますが、誰かが「鈴木さんは議員に向いている気がする」と言ったことを発端に、みんなが「そうだ、そうだ」と乗せるわけです。

私もアルコールの影響もあって、「よし、やろう！」と言ってしまいました。

しかし、家族や親せきに議員がいるわけでもなく、どうやったらなれるのかもまったくわかりません。このあとたまたま、大学院時代の友人にこの話をしたところ、知人に神奈川県会議員がいるから紹介すると言われました。私は、この神奈川県会議員のＳ氏に出会い、いろいろなことを教えてもらいました。彼とは、今でも議員仲間として友人であります。

自分がこの目で見てきた通信行政を正したい、総務省と企業側とのおかしない関係は決して健全ではない。この仕組みこそが、日本の通信業界を世界から取り残された歪（いびつ）なものにしてしまった。何とかしたいという思いが強くなってきました。

自分が破綻した企業を再建させることに寄与できた経験を、財政で苦しむ地方自治体で役に立てたいという思いと、この国の通信行政を変えたいという思いで、政治家を志すことを決心したのです。このころには、すっかりクアラルンプールのことなど忘れてしまい、木野さんと打ち合わせをしながら、神奈川県会議員のS氏とも頻繁に会うようになりました。

事業計画もでき、会社を設立する運びになり、木野さんより「設立発起人になってほしい、また出資もお願いしたい」とお願いをされました。わずかな金額ですが出資をして、設立発起人として協力し、エックスモバイルは無事にスタートを切りました。

それと同時に私の気持ちは、このままエックスモバイルがスタートしても、通信行政が変わらなくては、いずれ、エックスモバイル社が通信行政の壁にぶつかるという不安もありました。私は、エックスモバイルの事業を引き続きサポートしていくのが自分のやるべきことなのか、もしくは、エックスモバイル社のような企業が、今後たくさん誕生し、健全な競争が行なわれる社会をつくるために働くべきか、悩みました。

悩んだ末の結論は、「エックスモバイルのような会社が誕生しやすい環境をつくり出すのが、自分の人生後半に与えられた天命である」ということ。そうして、木野さんに自分の決意を話しました。

「自分は、政界をめざしたい。会社の経営陣としては、エックスモバイルの事業を支えることはできない。しかし、自分が議員になった暁には、エックスモバイル社のようなベンチャー企業を支えるために、地域、社会のために一生懸命に働きたい」

このとき、木野さんが、「わかりました。僕はエックスモバイル社を成長させる。鈴木さんは絶対に当選して議員になってください」、「鈴木さんは政界に、私は経営者として進む道は違いますが、互いにがんばって世の中を変えましょう」と言ってくれたのを覚えています。

第4章　命のお金

その1　資金調達と最初の投資（執筆：木野）

加盟店300社、運転資金10億円を集めた代理店募集の説明会

私は過去、失敗をしていますので、銀行でお金を借りることができなかったし、過去の知り合いからお金を借りることも、信用がなくてできませんでした。どのように資金調達をしようか考えて、前章で説明をしたような、知らない人に声をかけてお金を集めるという、今、考えると頭がおかしいと、気がふれていると思われるかもしれない方法で資金調達をしました。

とにかく通信業界というのはお金が必要な業界でした。ＭＶＮＯとはいっても、当時は音声ＳＩＭもないですし、ＳＩＭカードを再販してくれるような会社も存在しませんでした。

現在、取引のあるＩＩＪさんとか、日本通信さんにも連絡をしたのですが、当時は、そうした会社にとっても、そもそも格安携帯という概念が存在していないので、ＳＩＭを卸すという

ことは一切できないと断られました。簡単に言うと門前払いでした。

困り果てて、総務省に相談に行きました。ドコモ、ａｕ、ソフトバンクにも連絡をしたのですが、まったくの門前払い。国民の財産である電波を事業者に提供しないのは、電気通信事業法違反じゃないかと訴えましたが、そもそも私自身の信用や実績がまるでないこともあって、まったく取り合ってもらえませんでした。

総務省には何回も行きました。めんどうそうではありましたが、でも、その都度その都度、料金サービス課の方とか、いろいろな部署の方がていねいに対応してくださって、最終的には総務省の方から教えていただいた会社の何社かと契約にこぎつけ、ＳＩＭを調達することができるようになりました。

しかし、それにはかなり時間がかかってしまい、その間は、たとえばヨドバシカメラでプリペイドのＳＩＭカードを仕入れてきて、中古のスマホを中古屋から買ってきて、それでデモンストレーションをしたりとか、今、考えると本当にむちゃくちゃでした。

設立以降の資金調達も、なかなか目途がたたず、また見ず知らずの人に声をかけて、事業内容を説明して出資をお願いするということをやりました。さらに、エックスモバイルを立ち上げてから知り合った友人が、５０００万円を出資してくれましたが、これも焼け石に水、あっという間に消えていきました。数千万円とか1億円という大金も、この事業では、一瞬で消えてしまいます。

それから、代理店募集もしました。フランチャイズ制を考えていたので日本全国で説明会を開催したのです。新しい事業です、２０１４年5月24日からスタートしますということで、ネットでアナウンスしたところ、ものすごい人数の来場者がありました。毎回、説明会場には、50人、60人という人、東京会場では１００人以上の人が来てくれて、立ち見も出る状況。半年間で３００社以上の加盟店が集まり、資金も10億円弱、集まりました。これには僕も驚きました。

しかし、このことがエックスモバイルの長い暗黒時代を引き起こすとは、当時の私には想像もできないことでした。

10億円が消えてなくなり、そして……

５月24日のサービスインに間に合わせるため、システムの開発を発注し、ＳＩＭなどの帯域の調達に保証金を支払い、新しく端末を買うための代金を支払い……とにかく、必死でした。

通信業界のことは勉強したつもりでしたが、実際にこの業界で働いたことはありません。何もかも手探り。でもその中で、最大限の選択をし、これしかない、唯一の選択をしてきたと思うのですが、今、思うと本当に幼稚でした。人を信用しすぎました。

何が起きたかというと、サービスをスタートするはずの5月24日の10日ほど前のこと、まずは、ＳＩＭを調達するために、1億円を支払っていた会社から納品ができないという連絡がきました。

その次、端末を発注するために、当時はＳＩＭフリー端末などもなかったので、ちょっと怪しいかなとは思ったものの、この時点ではベストだと思われる会社に約６０００万円で発注しました。ところが、取り込み詐欺にあって、1台も届きませんでした。要するに、だまされたわけです。

フランチャイズ制を導入するのにとても大事なシステムは、某2部上場企業に発注していました。顧客管理システム、代金回収システム。上場企業だから、安心していました。

しかし、これも1週間ぐらい前に飛ばされました。

しかも、私は〝2部上場会社に発注した〟と思っていたのですが、実はその2部上場会社の社員が自分のプライベートカンパニーを関連会社と偽って、そこに発注や入金をするように指示していたのです。偽会社だったことに気づかず、信用して、ばかな私はほいほいとそこに発注して、数千万円という、みんなから預かった大事な金を次々と支払ってしまったのです。

結果として、5月24日に代理店や関係者約４５０人を集めて、エックスモバイルが提供する新サービスの発表をするはずが、わずか1週間前に、スタートができないということが判明しました。社員からは、発表会を中止しようとする声が相次ぎました。私も中止すべきかと何度か思いましたが、ここで中止と言ってしまっては、代理店が不安になるだろうと考えました。仮に遅らせるとして、ちゃんと代理店に事情を説明し、謝ることで、待ってくれる代理店がいるかもしれないと考えたのです。

しかし、社員たちは、そんな甘くない、取り付け騒ぎになりますと忠告してくる。社長がどうしてもそうするというのなら、自分たちは辞めますと何度も言われて、実際、約35人いた社員はほとんど退社しました。

発表の日、当日。４５０人の代理店や関係者の人は皆、今日、サービスがスタートする、よし、やるぞ、お金を投資して、今から売るんだ、儲けるんだと期待して集まっています。しかし、その人たちの前で僕は、理由を説明し、謝罪しました。

このとき、神田昌典さんという、私も大好きなコンサルタントであり、ベストセラー作家の方が駆けつけてくれまして、今はこういう状態だけど、まだこれからやっていく方法はあるという話をしてくれたんです。神田さんのおかげで、私の謝罪説明会となってしまった会場では、騒ぎにはなりませんでした。本当に、感謝のひと言に尽きます。

しかしそのあと、あらゆる代理店の皆さまからの返金要請があり、インターネット上では炎上し、もっとひどい状況が待っていました。私が滞在していたホテルでの待ち伏せ、会社前で待ち伏せ、街宣車をまわすぞという脅し、拉致・監禁、さらに会社をもう譲渡しろ、銀行印と代表印をここによこせば助けてやる。さもなきゃおまえは明日、死ぬ——。

代理店の皆さんに怒られるんだったらまだいいんですが、わけのわからないチンピラや反グレっ

ぽい人たちも現われて、その数カ月間で、少しだけ残っていた社員も1人を除いて全員辞めることになりました。そこで残ってくれたハセガワという社員は今、エックスモバイルの役員となっています。彼には心から感謝しています。

そこから長い長い暗黒期間が始まりました。いろいろと発注したときに支払ったお金は戻ってきません。代理店には出資金を返金しました。もちろん、最初は売り上げなんてありません。出ていく一方。そんな期間が、4年か5年くらい続きました。

代理店から10億円近く集めた資金は、今日にいたるまでにほぼ全額返済しましたが、このころ、億単位の資金があった会社の口座は一番少ないときで８００円になりました。これには、さすがにシビレました。でも、これまでの8年間、一度も従業員への給料の支払いを遅らせたり、代理店のインセンティブを遅らせたことはありません。あらゆる方法で、これから説明するようなあらゆる方法でお金をかき集めて、できるだけ迷惑をかけないようにしてきました。ただ、取引先には支払いの遅延をしたり、迷惑をかけたことが多々ありました。その当時にも謝罪しましたが、この場も借りて、あらためてお詫びいたします。

その2　〝1億円の魂〟を引き継ぐ（執筆：木野）

つなぐ命とつなぐお金

5月24日、新サービス発表会のはずが、謝罪説明会になってしまった日。代理店として集まってくれた皆さんに謝罪をして、半年ください、とお願いをしました。半年の猶予をいただけませんでしょうか。エックスモバイルだから10月10日、この日に必ずサービスをスタートさせます。約束します。僕を信じてくださいと話したので、なんとしても、10月10日までにサービスを世に送り出さなければならないと腹をくくりました。

しかし、先立つものが必要。どうやったらいいかなと思ったときに、当時、九州の代理店さんで、本業としては貿易業をやっていたオカダさんという社長がいました。僕と、ほぼ同年齢の社長です。彼に相談したところ、5000万円ぐらいだったらなんとかなるよといって、二つ返事で5000万円出してくれました。その潔さに驚いて、感謝している僕がいる半面で、5000万円じゃ全然足りないんだよ、もっと出してくれないかとお願いしている僕もいました。なりふり構っていられない状況でした。

そうしたら、オカダさんが、九州の田舎で30歳の男で、5000万円を右から左に動かせるのは俺ぐらいしかいねぇ、と。だから、俺が知っている一番のお金持ちを紹介するよと言って、キムラさんという社長を紹介してくれました。

その日から、キムラ社長と2年間にわたるつきあいがスタートしました。キムラ社長にはお金を借りに行ったわけなので、最初はすごく嫌そうな顔をされたのですが、オカダさんの顔もあって、キムラ社長が、じゃあ取りあえず月1（割）ぐらいでやってみようかっていうことで始まりました。

そこからぐるぐると、借りては返し、借りては返しを繰り返していき、次第にキムラ社長とも信頼関係ができていきました。僕がしつこいのと、諦めないというので、キムラ社長も少しずつかわいがってくれまして、最初は1割で始まった月の利息を、いろいろな方法でどんどん下げてくれました。最終的には月5％もいかなかったと思いますし、キムラ社長自身もエックスモバイルの株を買ってくれたり、何度も支払いを待ってくれたり。支払いを待ってもらっているにもかかわらず、追加で金を貸してくれたりもしました。今、考えるととんでもない金額だったはずです。

ただ、そのキムラ社長がある日突然、他界してしまうんです。

忘れもしない2014年9月29日。キムラ社長から電話がかかってきました。

融資に関するやりとりはいつも電話で、僕がお願いする立場なので、普段は僕からしか電話をすることはありません。毎月、月末近くなると、「キムラ社長、今月は３０００（万円）お願いします」「今月は５０００（万円）お願いします」という電話をしていました。毎月、毎月、ずっと約２年間、一度もキムラ社長に断られたことはありません。

それでその日、珍しくキムラ社長から電話がかかってきたので、どうしたんだろうと思ったら、「マサ、おまえさ、ちょっと悪いんだけど、俺、無菌室に入るから、あしたかあさってから1カ月間ぐらい出れねえんだよ。年末まで、あといくらいる？ 今日、振り込むよ」と言うんです。

キムラ社長は、白血病で半年くらい前から入退院を繰り返していました。でも、入院しているときにも僕は病院に見舞いに行っては、借金のお願いをしていました。そんな僕にも嫌な顔ひとつせずに、いつもお金を都合してくれました。ある日、キムラ社長に、「いろんな若いヤツいたけど、入院中まで金を借りにくるやつはおまえが初めてだよ。女好きになっても知れてるって聞くけど、男好きになったら底なしだね」と言われたことを、すごく覚えています。

そんなキムラ社長からの電話だったので戸惑ったのですが、じゃあ社長、お言葉に甘えて、1本あれば大丈夫です、つまり1億円のことですが、そうお願いしました。キムラ社長はすぐに振り込んでくれました。

翌日、振り込みのお礼をと思って電話をしたら、出ない。lineをしても既読にならない。どうしたんだろうと思っていたら、2日後に、オカダ社長から電話があって、キムラ社長が亡くなったということを聞きました。


ものすごくショックでした。キムラ社長は家具の製造業を営んでいたので、エックスモバイルの店舗の家具や什器も作ってもらっていました。〝エックスモバイルという会社が将来成功する〟ことを期待をしてくれて、楽しみにしてくれていました。

あるときは父のように、あるときは友のように、あるときは上司のように、僕と接してくれていて、そんなキムラ社長が突然亡くなってしまって、大事なこころの支えを失ってしまって、金策のことは吹き飛んでいました。これからどうしよう、なんでだよ、成功したエックスモバイルや、成功した僕を、キムラ社長のおかげで成功しましたというふうに、将来、言えなくなっちゃったじゃないかと思って、それがものすごい悲しくて、嫌でした。

命のお金、キムラ社長との思い出です。

つながる思い――地元の仲間たち――

キムラ社長とのお金のやりとりは驚く人も多いと思います。借用書も書かずに億単位のお金をやりとりしていましたので、キムラ社長が亡くなったあと、法定相続人の方と話し合いをしたときに、娘さんは（父はだまされていたんじゃないか）と、そんな雰囲気で私を見ていました。それはそうだろうと思います。でも、ご親族の方と何度も話し合いを重ねていく中で、最終的には、父が応援していたエックスモバイルや木野さんを私たちも応援しますと言ってくださいました。

当時、キムラ社長以外にも私は金を借りまくっていました。キムラ社長は最終的には年利で言うと50～60％ぐらいという優しい金利だったんですが、ほかに年利１２０％％ぐらいのところからもたくさん借りていたので、毎日毎日、考えるのはお金のことばかり。30そこそこの、まったく実績も信用もない僕に用意できる、なんとかできる金額をはるかに超えていました。

そんなある日、かつて僕が事業を立ち上げては失敗し、借金して、どうにもならなくなって、銀行にも、経済界にも嫌われて、ひどいうわさも流されたりして、本当に辛くて、あれだけ行くのが嫌だった名古屋や、僕の地元の岐阜の先輩たちが助け船を出してくれたんです。

その皆さんは、多くがエックスモバイルの加盟店をやってくださっている加盟店の社長たちでした。「木野くん、今のお金のやばい感じのやつ、いくらあったらきれいになるの」と聞かれて、「5億円ぐらいです」と答えたところ、「その5億円、俺たちでなんとかしてやるよ。だから、がんばれよ」と言ってくれて……。

西田塾の先輩、名古屋青年会議所のクツナ社長やタカギ社長、私がクビになった青年経営者研修塾のシバタ副塾長や塾長たち。そのみんなが声をかけ合って、5億円以上のお金を出してくれました。

エックスモバイルは、当時、毎月赤字でしたから、債務超過真っただ中。株価は0円です。普通であれば……。にもかかわらず、言い値でいいよと言ってくださって、私がつけた株価で決算書も事業計画も何も見ずに株を買ってくれたり、お金を貸してくれました。

今、エックスモバイルには600社のフランチャイズ加盟店がありますが、その中の多くのオーナーたちが同じようにエックスモバイルを助けてくれました。

だから必ず彼らと成功したい。

キムラ社長の話、オカダさんの話、名古屋や岐阜の先輩たち。彼らと共にエックスモバイルを成長させたい、必ず私の人生の中で早く、できるだけ早く成功させたいと、そう思っています。今もその思いは1ミリも変わりません。

その３　資本調達の基本
――間接金融と直接金融（執筆：鈴木）

都市銀行と信用金庫の違い

私は、ウィルコムを去り、議員に立候補する前に数年ほど、外資系企業のシニアディレクターとして働いていました。それは木野さんと出会い、奮起して政界をめざすも、多額の選挙資金が必要なことと、落選しても食べていけるためには自らも起業しなくてはいけないと思ったからです。

起業といっても、既にウィルコムの役員時代に会社は設立していました。法人化して、本格的に会社経営を始めたのは木野さんと出会ったくらいからでした。私の会社は、不動産賃貸会社で、簡単にいうと土地を仕入れて、設計して、建物を建て、貸し出すという事業です。都内を中心に賃貸経営を行なっています。また、子どもの教育に対する思いもあり、幼児教室も経営しています。おかげ様で、現在は軌道に乗り、なんとかうまく経営できていますが、私も経営者として、お金には苦労をしました。

大企業の経営者と零細企業の経営者では、金融機関の扱いはまったく別物です。

以前は私を相手にしてくれた都市銀行は、私が大手の企業を辞めて零細企業の経営者になると突然そっけなくなりました。融資を申し込んでも審査もせずに断ってくる。そんなときに出会ったのが信用金庫でした。

これから起業を考えている皆さんに言いたのは、もし独立するために準備をしようと思うのであれば、都市銀行の取引をやめなさいということです。時間とお金の無駄です。

もし独立を考えるなら、今すぐに、自分の給与振り込みや預貯金も信用金庫に変えることです。私も以前は、金融機関の特徴というものを、理解も、意識もしていませんでした。ここを理解せずに金融機関とつきあうと、将来、苦労をすることになります。

簡単に金融機関の特徴を説明しましょう。わかりやすくするために、信用金庫と都市銀行のビジネスモデルの違いを説明します。

まずは都市銀行。都市銀行はサラリーマンなど一般の人を中心に、預金や振り込みでお金を集めます。この集めたお金を大手から中堅企業を中心にお金を貸します。そのときの貸し出す金利が銀行の収入源です。銀行に預けるサラリーマンには1％の利子を与えて、貸し出す企業には2％で貸し出す。この1％の利ザヤが銀行の儲けです。上場している会社を除いて、多くの企業は一般のサラリーマンや市民からお金を調達することができないので、銀行が集めたお金を間接的に借りています。これを間接金融といいます。

数少ない上場会社は、証券市場で、投資をしてくれる方に直接、株券を発行することで資金を調達できます。これを直接金融といいます。

これは、株の価値が上がることで、多くの資金を手に入れることができるので企業にとってメリットは大きいのです。しかし上場するためには、厳しい審査基準をクリアしなくてはならず、中小企業ではできない資金調達方法です。都市銀行は中小企業でも融資を行ないますが、金利も大手に比べると高く設定したり、条件が悪くなります。日本にある多くの会社は規模の小さな、いってみれば零細企業です。しかし、都市銀行は零細企業をまともに相手にはしません。

一方で、信用金庫は都市銀行とは役割が少し違います。信用金庫は地域の方々が利用者・会員となり、地域発展のための相互扶助を目的にした金融機関です。

わかりやすく言うと、銀行は株式会社なので株主利益が最優先で、効率の良い融資、安全な融資を行ないがちです。その点で信用金庫は、融資が地域発展に貢献できるのかを判断するので、融資の方向性が違います。また零細企業が中心なので、小さな金額の預金でも立派な信用になります。都市銀行で１００万の預金をしてもゴミのような扱いです。しかし信用金庫では違います。１００万円の預金でも立派に評価されます。仮に月々の給与を都市銀行に振り込んでいても大した信用にはつながりません。

都市銀行がお金を貸すときは、過去の実績よりもあなたの肩書が重要です。さらに言えば、スペックが重要です。勤務先や年収や職位や生まれなどです。このスペックが高ければ、取引がない銀行でも貸してくれるのです。しかし信用金庫は違います。スペックは参考にしますが、重視するのは借りたい事業の目的や過去の実績です。自分では大した肩書がないと思っていても、信金の場合は給与の振込で実績があるとか、定期預金で実績があり、事業の目的が地域発展につながるのであれば、味方になってくれます。間違っても門前払いになることはありません。

起業するなら信用金庫で

つまり、あなたが将来、独立を考えていて、金融機関とつき合う準備をするなら、実績をしっかりと評価してくれる信用金庫と取引するほうが力になってくれるということです。多くの社長たちは日々の運転資金（お金をどこで仕入れて、どこに支払うか）で頭を悩ませます。資金がショートしないようにするためには金融機関とうまくつき合わなくてはなりません。

私も大手企業を去って、自分の会社を立ち上げたときに力になってくれたのは、信用金庫でした。サラリーマン時代に飛び込みで来られた信金の営業マンに毎月わずかではありましたが、定期預金をしていたことが実績となり、会社の資金では本当に力を貸してくれました。信金のおかげで会社も成長できたのです。

一方で、都市銀行は大手企業の役員を退任したあとは、非常に冷たい対応でした。大企業時代は、窓口に行かなくても自宅まで行員が来てくれて手続きをしてくれました。支店に行けば、応接室でお茶をいただくのが常でした。しかし退任後は、担当者が管理職の方から一般職の方に変わり、応接室から一般のカウンター対応に変わりました。当然、自宅に来てもらえることなどはなくなりました。

これは、都市銀を批判しているのではありません。経営効率を考えると、当たり前の対応だと思います。この仕組みをわからずにつき合っていた私の無知こそが問題であったと思っています。読者の皆さんは私のような私のような遠回りをせずに、しっかりと計画的に金融機関とおつき合いください。

その3　資本調達の基本
――間接金融から直接金融へ（執筆：木野）

直接金融で100億円の資金調達

会社を起業して資金調達をしようというとき、普通、簡単に思いつくのは、銀行融資や日本政策金融公庫などから金を借りる、いわゆる間接金融というものだと思います。これまで日本における起業というのは、基本的には、たとえば自分が貯めたお金で起業するとか、あるいは親族からお金を借りるとか。あるいは、銀行借り入れをして自分が保証人になるとか。そういった形で間接金融を活用して起業して、毎月少しずつ返済をしていくという形ではなかったかと思います。

しかし私の場合は、第2章で説明したとおり、この間接金融というのを一切使えませんでした。エックスモバイルをつくるときは、連絡を取れる人がいませんでしたので、お金を銀行から借りることは一切できず、親族も当然無理、という状況でした。

この8年間で、100億円以上の資金調達をしたと思うのですが、すべて直接金融でやってきました。おそらく最近のベンチャーで、金を集めた会社の中ではかなり上位に入るのではないかなと思っています。よく、ベンチャーキャピタルとか、あるいは、事業会社から出資を受けてスタートアップを創業していくという会社がありますよね。大型調達、何億円とか、何十億円というふうにスタートアップ系のニュースでもよくやっていますが、エックスモバイルは創業からこれまで、１社のベンチャーキャピタルとも取引したことがありませんでした。

直接金融といっても、実際にはいくつかの方法で、私自らが中小企業の社長や個人、いわゆるエンジェル投資家の方たちにプレゼンをして、全員、私がまわって資金を出していただくなど、いろいろやりました。これまでエックスモバイルに投資をしてくださった方、エックスモバイルの転換社債や社債を買ってくださった方に、心からお礼を申し上げたいです。

転換社債（CB）で10億！

まず最初にやったのは転換社債でした。これは例の代理店取り付け騒ぎ騒動のあとに、エクイティー、いわゆる第三者割当による株式を発行しての資金調達というのを考えました。その当時、エックスモバイルの株なんて誰も買わない。誰も買いたくないという状態でした。ただ、社債であればいずれ返ってくる。転換社債というのは、あらかじめ決まった条件で、たとえば、１年後、２年後、３年後などとあらかじめ決めておいて、あらかじめ決まった株価で、もともと社債として出していたお金を株に変換できる。株に変換する場合は、社債として償還は受けられない。それを投資家が選べるんですね。だから投資家としては、この会社が成長するなと思えば株に転換すればいいし、いや、これはもう引き揚げようという場合は社債として償還されればいいというものです。だから、エクイティーというのは、会社が倒産してしまえば、文字通り紙くずになるのですが、社債の場合は、会社が償還するタイミングでまだ残っていれば、投資家はちゃんとお金が戻ってくる。そのころの会社の会計士に勧められて、転換社債というのにしたという次第です。

そういう仕組みということもあり、多くの方に買っていただいて、これで10億円ぐらい調達できたと思います。結果的には、１００人近くの方が転換社債を買ってくださったんですが、2名を除いてすべて株に転換してくださったので、よかったなと思っています。そのあと債務超過をクリアするぐらいのタイミングで、エクイティーファイナンスに切り替えました。

要は転換社債ではなくて、純粋な第三者割当としてやっていきました。株価を設定して、ある程度事業計画もしっかりつくって、投資家に対してプレゼンをしていきました。これもすべて私が、直接、一人一人、投資家をまわって打ち合わせさせていただいて、ベンチャーキャピタルは1社もありません。

偶然、レストランで隣に座って、5分話して、事業計画どころか事業内容も聞かずに合計

４億円以上を出してくださったスナダ社長という方もいました。偶然、飛行機が同じ便になって、投資家や代理店を強烈に紹介してくださったアパマン創業者のタカハシ会長。５億円以上出してくださったサガン鳥栖の筆頭株主のウチダ社長とは、代理店の結婚式で偶然、隣の席に座ったことが縁でしたし、ウチダ社長のご紹介で福岡の総代理店である野田会長も５億円以上をご支援いただきました。すべて、偶然の出会いの連続でした。

また、たまたま朝マックをご一緒した方とのご縁で、東証１部に上場しているベクトルという会社が出資してくださいました。一部上場企業の出資を受けたというのは、エックスモバイルにとって大きな信用になりました。

――という形で、いろいろ工夫をして資金調達をしてきました。本当に手探りでやってきたので、参考になるかどうかはわからないのですが、銀行借り入れができなかったとしても、強烈な思いと行動とある種の営業力があれば、一定の資金の調達は誰にでもできるのかなと思っています。

その4　変わりつつあった通信業界（執筆：鈴木）

PHSの強みと弱み――ウィルコムの戦略――

ウィルコムが破綻した2010年当時、私が担当していた法人事業本部は、お客さまだけで170万回線の契約を保有していました。ウィルコムは当時、ソフトバンクに次いで業界4位というポジションでありましたが、法人事業に関しては、決して3番手にも引けを取らない数でした。業界4位のキャリアであったウィルコムが、なぜ法人事業において強かったかというと、特殊なマーケットに絞ったマーケティング活動をしていたからです。

マーケティングの一つめの特徴は、医療業界へのプロモーション活動です。当時のPHSは電波が低弱であるため、当時の2Gに比べると電波が切れてしまう弱みがありました。特に高速移動では良く電波が切れました。よって、通常の携帯電話利用だと他のキャリアに負けてしまします。

しかし当時のウィルコムには、優秀なマーケティング部長のOさんがいて、PHSは電波が弱いので、医療機関にピッタリだと対外的にアナウンスをしていました。

医療現場では精密機器を利用しているので、電波が強いと医療精密機器に悪影響を与えます。

病院に来ている患者さんもペースメーカーなどを使っている方も多く、強い電波だと体のペースメーカーにも影響を与えていまいます。当時、Ｏさんは、国立大学の教授と一緒に、医療現場における通信の影響を研究して対外的にデータを発表していました。

携帯電話は、「音」がなっている時に一番電磁波を出します。ざっくり言うと、電子レンジと同じくらいの電磁波です。皆さんも携帯電話で長時間話していると頭が痛くなることはありませんか。あれは、電磁波が脳に影響を与えているからです。ＰＨＳは弱電磁波なので、この弱みが強みとなり、国内の主要な病院や大学医学部には採用されました。

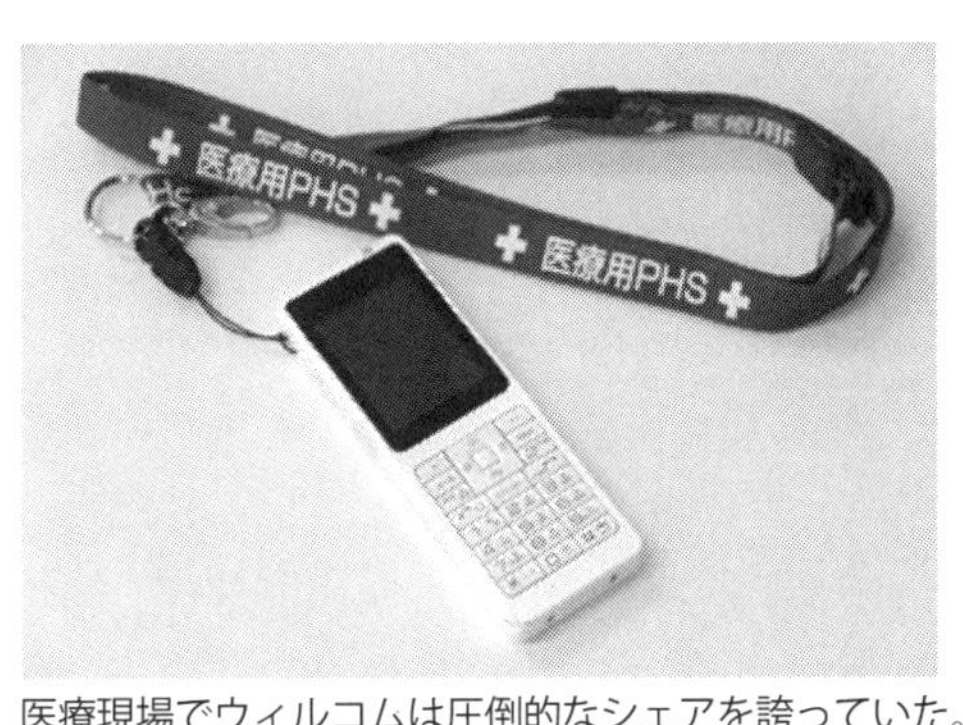

医療現場でウィルコムは圧倒的なシェアを誇っていた。

二つめの特徴は、組み込み通信を日本国内で最初に手がけていたことです。組み込み通信とは、エレベーターの中に通信機器を埋め込んで、安全に運行されているのか、不具合があるのかをセンターと定期的に更新したり、車の中に通信機器を埋め込み、渋滞情報をセンターに送り込み、精度の高いナビゲーションを行なったりするような、通信とモノを一つにさせるシステムです。以前は Machine to Machine と言われ、略して、Ｍ２Ｍと呼ばれました。のちにＩｏＴ（Internet of Things）として発展します。この市場に関して、私も以前、シンガポール工科大学で講演をしたこともありました。

ウィルコムは端末と通信チップを取り外しできるように設計していたので、組み込み通信に適しており、携帯端末も車やエレベーター同様にひとつの端末（物）と見立てていました。組み込み通信は、非常に先進的な取り組みであり、ウィルコムは当時、業界で一番、組み込み端末の経験と知識を持っていた企業でした。

三つめの特徴ですが、ＰＨＳは、構内無線（内線電話の技術）から始まった通信なので、外で携帯電話として使っていた機器が会社に戻った瞬間に内線電話としても使えるという特徴を持っていまし

PHS 用伝送装置「PAU」。
PHS 網でアナログ端末を使用するためのプロトコル変換装置。

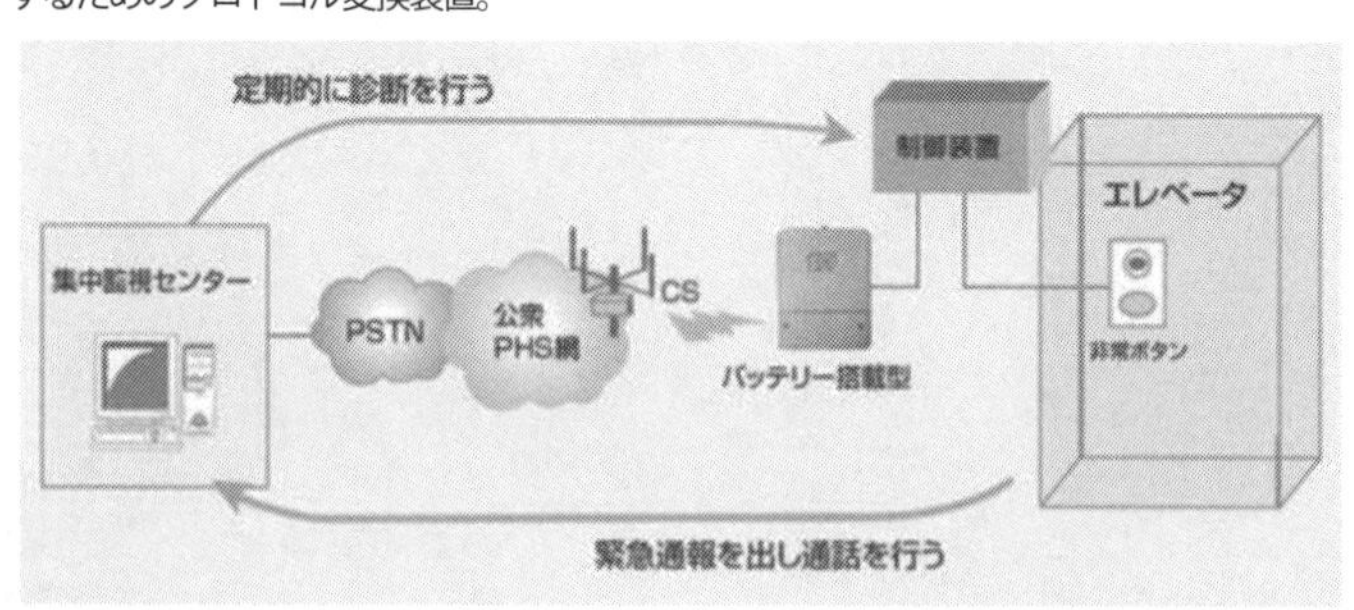

当時、国内のエレベーターの７割はウィルコムの通信で管理運用されていた。

た。今でも病院では使われていますし、以前は大規模な工場や施設では使われていました。この内線と外線がハイブリッドされた機能は法人では非常に人気があり、電波の微弱問題はありましたが、それを補うほどの特徴的な機能でした。

このようにユニークなマーケティングにより、業界4位の会社ではありましたが、法人市場ではシェアも高く、業界でも高く評価されていました。しかし、コンシューマー市場では、上位3社とのシェア争いでは差をつけられ、次世代通信（当時のLTE）への投資負担が重なり、経営破綻を引き起こしました。

'band goes broader in Japan

AN, broadband tech- have helped to warn earthquakes and in- ners about the latest ...

indication of how di- d applications could Mr Tatsuo Suzuki, ex- (solution sales and ACCA Networks, a adband access net- ... provider for busi- ...

...3th Regional In- g Conference held ...technic last month, that broadband tech- ...far beyond main- ...sage. And not only ...dband applications ... to a client's busi- ...efited the bottom-

LOOKING AHEAD: Mr Tatsuo Suzuki said that broadband technologies could go far beyond mainstream internet usage.

One of the applications he show- cased was an earthquake detection system by a meteorological agency

...dustry Networking Conference (RINC) 2006

...tes packed Lecture Theatre 1A ... RINC 2006 on the morning ... two-day conference saw 21 ... presenting 6 main papers ...ons and 15 technical papers ...wo afternoon sessions.

...tion Broadband Networks ...conference this year was ... the new national initiative, ...rovide broadband network ...at infocomm usage and ... all sectors in Singapore

Mr Tatsuo Suzuki , Executive Officer of Solution Sales & Marketing, ACCA Networks, Tokyo, Japan sharing on th... utilizations of broadband for new solutions.

シンガポール工科大学で講演した組み込み通信の内容が、地元新聞の記事に。

ウィルコムMVNO構想の失敗

今だから話せることですが、当時、私は、ウィルコムの法人事業だけを切り出すことで、企業再生ができるのではないかと、実は考えていました。このころ日本にはまだ存在していませんでしたが、MVNOという事業形態がヨーロッパで流行り始めていたのです。有名な企業でいうと、イギリスのヴァージンモバイルですね。

MVNOとは、自社では、通信基地局を持たずに、通信会社から通信を卸しで引き受けて、エンドユーザに通信サービスを販売するという形態のことです。現在、日本市場でやっている格安スマホの事業形態の多くが、この形態です。

ウィルコムの法人事業では当時170万回線、580億円の売上を維持していました。また利益率もコンシューマーのような価格だけの勝負にはならないので利益率も高く維持できていました。私は、この事業本部がMVNOとして独立できれば、日本初のMVNO事業者になれると思い、当時の部長たちと投資ファンドをまわりました。

しかし、当時の投資ファンドには、通信設備を持たない通信事業者が成長するということは、常識的に理解できるものではなく、私のプレゼンする力不足もあり、結果としてこのアイデアを実現することはできずに、会社全体としての経営破綻を受け入れることになりました。

私は、10年以上経過した今でも、実現できなかったことを後悔しています。後悔しても、しきれないくらいです。今、考えれば、組み込み通信や法人市場で一定の通信ソリューションで170万回線も契約して、500億円以上の売り上げを上げている会社が、自社の設備に頼らずにMVNOで再生をめざすといえば、ほとんどの投資会社は理解していただけると思いますし、現実的なビジネスモデルであると理解されると思います。この莫大な顧客を保有していながらビジネスモデルを実現できずに破綻して、ライバル会社に吸収されたことは、やはり悔しくて仕方ありません。

悔しさをXに託す

悔しい思いと後悔を胸に、当時の私はウィルコムの経営再建をする役員として働きました。無事にソフトバンクとの統合を果たしたあとに、会社を去り、海外に逃亡しようと考えた飛行機で出会った男が木野将徳です。

私は、彼と三軒茶屋の焼き鳥屋で事業計画を立てながら酒を交わすうちに、当時やりたくて出来なかったMVNOを、彼に実現してもらいたいと思うようになりました。そのうえで、自分が知る限りの知識を伝え、取引先や業者も惜しまずに紹介をしました。

日本の歪な通信業界は変わらなくてはならない。しかし、業界は、既得権があるものには変えられない。

変えるためには、業界に異端児が生まれなくてはならない。

木野将徳には、普通ではない雰囲気を直感で感じていました。彼が、業界の異端児となり、私が政界で通信行政を変える。いつしかこんな夢が二人の中にできあがっていきました。

私たちは違う道を歩むことになりましたが、年齢も生まれも育ちも違う二人が、互いを刺激しあったことで、失いかけていた魂に火をつけることになったのだと思います。

私は、日本を脱出するためにエアアジアXに搭乗して木野さんに会いました。しかし、彼との出会いにより、日本でがんばる決意をし、ビジネス界は卒業しても、政治という世界から自分が大好きなＩＣＴ業界を発展させたい。また、それができないと日本の競争力は失われる。成長セクターである、このＩＣＴ業界が発展しないということは、国内の成長もできないと思うのです。

高度成長期時代、日本は「鉄が国家なり」と製鉄で外貨を稼ぎました。20時世紀は車と電気で外貨を稼ぎました。

21世紀、失われた20年で日本は何が発展して、成長したのでしょうか。

この国の成長を考えると、ＩＣＴを成長セクターとしてとらえて、業界への参入障壁を下げて、健全な競争をさせる必要があります。二人で約束したこと、それは、「鈴木は必ず政界に行く」「木野は必ず事業を成功させる」、そして、互いに実現したら再会しようということでした。

もちろん、このあとも、メールや電話などでは、近況を報告しあったり、連絡も取りあっていましたが、二人でじっくりと酒を酌み交わすことは、三軒茶屋の居酒屋以来、やっていないのです。この本を一緒に書いている今も、二人で顔をつき会わせて、じっくりと話すことをしていません。


私たちは、まだ互いにあの日の約束を守れていないと思っているからです。

エックスモバイルは年商数十億の会社に成長をしました。

私も議員になりました。しかし、まだまだ通信行政を変えられるような議員ではありません。

私は地方議員です。

また、エックスモバイルも業界で風雲児と呼ばれるポジションまでたどり着いていません。

私たちは、互いの道を歩きはじめたものの、道半ばであるのです。私は、いつか三軒茶屋で飲んだように、また三軒茶屋で、ゆっくりと二人で酒を酌み交わしたいと思っています。このような思いを互いに交差させながら、当時、それぞれの道を歩み始めたのです。

第5章 〝ド素人〟の代理店集団

その1　全資金をロゴに投資する！（執筆：木野）

ロゴに全財産１００万円！

これはエックスモバイルを創業したときに、まず初めにやったことです。当時、エックスモバイルという社名ではあったのですが、サービス名は「もしもシークス」という名称でした。日本の電話の第一声「もしもし」からとった造語で、今は「エックスモバイル」に全部変えたのですが、当時、「もしもシークス」の名前でスタートしてよかったなと、今は思っています。

知らない人に声をかけて、大阪で一番最初に出してもらった金額が１００万円でした。その１００万円を全部ロゴに使ったんです。

そのデザイナーはウエダさんという方で、当時、名古屋で活動されていて、とても有名な方でした。ギャラも高くて有名だったのですが、その方のデザインセンスを僕はとても好きで、いつか、自分が本気で何かやるぞという仕事のときには、この人にロゴをつくってほしいと思っていました。

それで連絡をして、名古屋のヒルトン・ホテルでお会いし、エックスモバイルの創業の思いや、格安携帯のことを話したら、「こんな難易度が高いベンチャーを今から立ち上げるんですか」と驚かれました。そうです、立ち上げます、僕の最後のロゴになるので、ウエダさんに描いてほしいんですと言うと、心よく引き受けてくれました。

普通、ロゴというのは、デザイン会社に発注すると、デザイン案がいくつか提案としてでてくるものですよね。ところが、この発注に関しては1案しか出てきませんでした。

「これで」って。

そのロゴを私はとても気に入って、そしてもちろ

アイデンティティ：　シンボルマーク

革新の翼　社名であるエックスモバイルのXとM、もしもシークスのMとXをモチーフにした革新の翼。▶と◀を人に見立てることで、新しい人と人とのコミュニケーションを表現しています。
自由の翼　また、シンボルマークを横に繋げていくことで、人と人とが手をつないでつながっていく様を表現することができ、デザイン展開の基本パターンとしています（展開例参照）。

○プロセスカラー：

C 30%
Y100%

K100%

黄金比：1:1.618、約5:8。

1：$\frac{1+\sqrt{5}}{2}$ の比である。近似値は1:1.618、約5:8。
線分をa,bの長さで2つに分割するときに、a：b＝b：(a＋b)が成り立つように分割したときの比a：bのことであり、最も美しい比とされる。

MosimosiiX™
もしもシークス

MosimosiiXのロゴタイプは、通信業界での温故創新の意味をこめて、明朝体をベースにデザインされています。単なるベンチャーと違い、10年後に過去を振り返った際、革新の歴史を踏まえて、あらためてこのロゴタイプがブランドイメージに馴染むよう配慮しています。また、インターネット上でのサービスでありながら、若年層の学生や高齢者に寄り添う血の通ったサービスを目指していることを直感的に表すために、ロゴタイプは手書きにより形成されています。

ん、現在も使い続けています。

この、ロゴに対してお金をしっかり使ったということが、創業当時、とても役に立ちました。お金をケチって、しょぼいロゴで、フォントもありきたりで、デザインのクリエイティブさもたいしたことないと、ただでさえ小さい会社がより小さく見えると思うんですよ。名刺交換した相手だって、まぁ、こんな感じね、と思うでしょうし。

でも、すごくいいロゴをつくってもらえたことによって、実際の会社の状況よりも、少し大きく、背伸びして見せることができたと思います。

SIM名刺の効果！

もう一つ、強烈に役に立ったのが名刺です。これはロゴ以上に役に立ちました。これです。私の名刺はSIMカードになっているんです。

皆さん、SIMカードを意識して見たことがありますか。携帯に入っているあれです。このSIMを名刺に組み込みました。

銀行のキャッシュカードくらいの厚さがあります。つくるのに、1枚、１０００円以上しました。

エックスモバイルを創業してから、僕は、代理店開拓のために、日本中をまわりました。名刺のアプリを見ると、約６０００社訪問しています。６０００人の社長と名刺交換するときに、紙の名刺のときは、格安携帯エックスモバイルの代理店をやってくれませんか、とか、エックスモバイルに投資しませんか、社債買いませんかと提案しても、反応はよくなかったんです。

でも、この名刺に変えてから、何コレ？と１００％、興味を持ってもらえます。町の小さな店のおとっつぁん社長に会っても、ヤンキー社長に会っても、上場企業の社長に会っても、大臣に会っても、この名刺にはすごく反応してくれました。

何コレ、と興味を持ってもらえたら、「これ、エックスモバイルの商品なんです。このＳＩＭカードをお客さんの携帯に入れると、携帯代が3分の1になります」「これが私たちがやっているビジネスです」「ぜひ、名刺のＳＩＭカードを切って、スマホに差して、通信速度を試してみてください。YouTubeもNetflixもさくさく見られます」と、１分間、話せます。そこからのコミュニケーションというのは、非常にうまくいきました。

エックスモバイルができる最大のブランディングでした。ウチの顧問がアイデアを出して実際にやったことなのですが、本当にやってよかったなと思っています。

その2　緑のブランドへの想い（執筆：木野）

なぜ緑に決めたか

エックスモバイルのイメージカラーは緑色で、ロゴも緑色だし、お店も社章も、名刺も緑が基調、ホームページも緑がベースだし、僕の服装も時計も、ネクタイも全部、緑です。

なぜ緑という色にしたかというと、理由がいくつかあります。

創業当時、携帯会社といえば、ドコモ、ａｕ、ソフトバンク。その少し前にはウィルコムとかイー・モバイルがありました。ブランドカラーは、ドコモは赤。ソフトバンクは白とシルバー。ａｕはオレンジ。今でいうワイモバイル（元ウィルコム）も赤……などなど。

緑色をブランドカラーとする携帯会社がなかった、というのがまず一つの理由です。

それと、なんとなく優しい感じがする。色を考えたとき、どの色が一番優しいかな、お客さまに優しいサービス、お客さまに寄り添った携帯会社に似合う色――。

日本のこれまでの携帯事情。ドコモ、ａｕ、ソフトバンクしかなくて、料金プランも一緒、端末も同じ、そういった、日本国民のみんなこれを買えばいいんだ、毎月この料金を払えばいいんだという、決まり切った携帯会社じゃなくて、もっとお客さまに寄り添った、優しい携帯キャリアにしたいなと思って、自分の中でどの色が優しいかなと思ったときに、グリーン、緑だなと思いました。

出会いの色、緑

もう一つ、大きな理由があります。これは、第1章でも書いたことなのですが、僕と鈴木さんの出会いです。僕と鈴木さんの出会いは、偶然、飛行機の隣の席に座りあわせたこと。僕がポテトチップスと水を買おうとしていたとき、隣に座った鈴木さんが、僕のことをシンガポールドルしか持っていないので困ってるシンガポール人だと勘違いして、話しかけてくれて、それが縁となって、エックスモバイルが生まれた、という経緯がありました。

あの出会い、あの瞬間がなければ、今、私はこうして本を書くこともなかったし、こうやってエックスモバイルの社長という仕事を人生最後の仕事として選んでいなかった。これは間違いありません。

だからその出会いにものすごく感謝しています。

そのきっかけとなった、僕が買おうとして、鈴木さんが立て替えて買ってくれたポテトチップスが、プリングルズのサワークリーム&オニオンです。

　皆さん、プリングルズ、食べたことありますか。僕は好きで、たまに食べます。この、サワークリーム&オニオンのパッケージカラーが、グリーンなのです。

　プリングルズのサワークリーム&オニオン＝エックスモバイルが生まれた瞬間＝グリーンであり、僕の人生最後の起業の原点です。このときは僕一人でした。ロゴをつくったときも、まだ一人。ずっと孤独を感じていました。だから、これから出会っていく仲間たちとのご縁を大事にしていきたい思った。

　そこで、出会いの原点であるプリングルズのサワークリーム&オニオンの色を、会社のテーマカラー、ブランドカラーにしたというわけです。実は、他の携帯キャリアの色とかぶらないとか、優しい色という理由は1％、プリングルズのサワークリーム&オニオンのグリーンからとったという理由が99％です。

その３　代理店を駆けまわる（執筆：木野）

毎日１０００キロ以上移動！

僕の1年間の旅費交通費、営業経費は1億円以上かかっています。この数字を聞いて驚かない人はいないし、たまに引かれることもあるし、すごい金額だなと自分自身でも思います。

計算して、僕自身が驚いた数字があります。年間の移動距離数が40万キロ以上あったことです。40万キロということは地球10周分。単純に３６５日で割ると、毎日１０００キロ以上移動していることになります。これは脚色ではなく、リアルな数字です。

年間のフライト回数は２５０回以上。つまりほぼ毎日、何度も飛行機に乗ります。新幹線もほぼ毎日乗ります。タクシー代だけで毎月２００万円以上使います。もっとかな。どうしても必要なら、費用対効果を考えつつも、ヘリコプターや飛行機をチャーターすることもあります。

一日のスケジュールは、たとえば朝、羽田で一便に乗ると、関西国際に8時半に着きます。朝イチで泉大津市長と会談して、それから代理店を2軒まわり、伊丹空港に移動するタクシーの中でＺｏｏｍ会議をして、飛行機で福岡に移動。福岡空港からの移動中にＺｏｏｍ会議をして、16時から商談。夜は会食があって、21時に宿泊するホテルにチェックイン。

でもこれで終わりではなくて、そこから各店舗からあがってくる日報などを見たり、社内のSlack（※ビジネスチャットツールのこと）などを確認して、それから、代理店向けに毎日配信している動画メルマガを撮影して、やっと寝られるのは深夜0時を過ぎていた、なんていうことも珍しくありません。毎日、この調子です。

1日の自由な時間というのは、15分くらい。もちろん、たまには9時まで寝ていることもあるし、予定していた会食がキャンセルになったような日は、本を読んだり、映画を観たりすることもありますが、ほとんど毎日、ここで書いたようなスケジュールをこなしています。

自分で書いてみても、よう動いとるなとは思うんですが、それでもまだできるな、もっとできるな、自分のスケジュール表を見直して、ここ無駄だったな、改善しよう、1年後に自分が死ぬとしたらこの予定を入れるのかな、この人と会うのかな、と考えながら、毎日、エックスモバイルを前進させています。

僕は大学も出ていないし、よく中卒社長だとか、元ホームレスだとか、バカにされることもあります。悔しいけれど、事実だから、黙って聞いています。

僕は学歴もないし、社長としての成功経験もない。本に書いたとおり、失敗ばかりの人生だったので、そんなダメ社長の僕でもできることを最大限、誰にもできないレベルで、誰よりも努

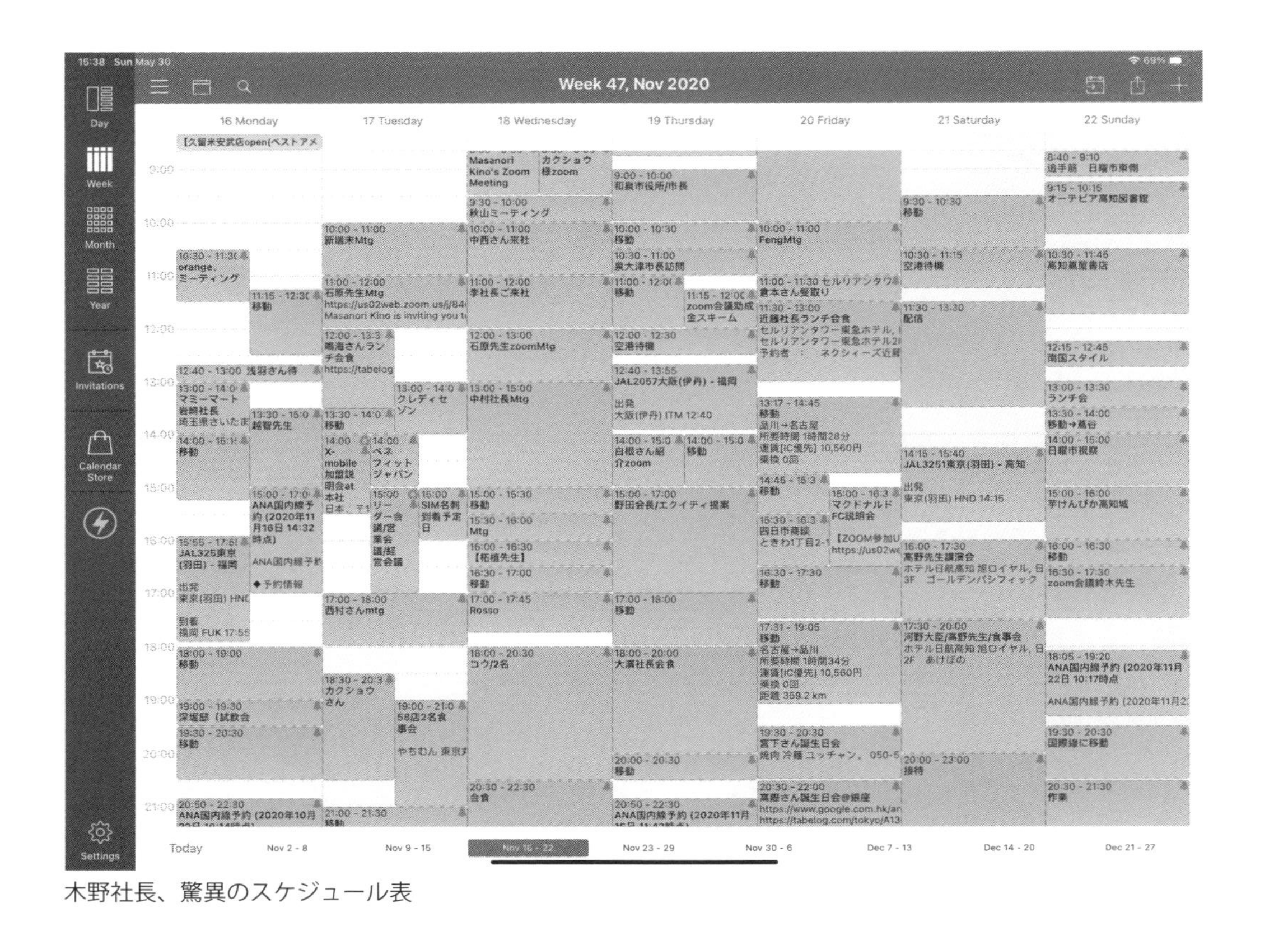

木野社長、驚異のスケジュール表

力しよう、と思って、とにかく動いているのです。

毎日10分365日の動画メルマガ配信

この8年間はそんな感じでした。だから、さすがにお会いした方、全員の顔は覚えていられないのですが、エックスモバイルのフランチャイズのオーナー、エックスモバイルのショップの店長、スタッフさん、すぐにわかります。みんな僕のlineを知っていて、僕にいつでも、電話でもlineでもメールでも連絡を取ることができるし、逆に僕も彼らにいつも連絡が取れます。

毎日10分間の動画メルマガを始めたのは、本当は全員と会って話せればいいなと思うものの、それは不可能なので、どうやって代理店の皆さん、社員のみんなと、コミュニケーションを取るのがいいかなと考えたことがきっかけです。

メガネやサングラスの販売会社「OWNDAYS　オンデーズ」の田中社長の本を読んだときに、田中社長は50店舗、毎日、売り上げどう？　お客さん来てる？　と電話をしたと書いてありました。なるほど、僕もそうしようかなと思って、試しに、エックスモバイル五泉店の藤田社長に最初に電話したら、藤田社長だけで1時間ぐらい話してしまって……。これではお互い仕事にならないし、全店にかけるのは無理、不公平も出てくる。それで、どんな方法がいいかなと思ったときに、毎日10分間の動画を配信しようと考えました。一年365日、毎日です。

初日はエックスモバイルの創業日である10月10日、10時10分の配信にしました。だいたいの店は開店時間が10時か11時なので、朝、出勤したとき、あるいは出勤したてのときに、僕の動画メルマガを10分見てもらう。内容は、前日の店長や社長の動き、うまくいった店舗の事例共有とか、あとはクレームの対応の共有であったりとか、改善報告、効果が出たチラシの話なんかをみんなで共有することにしました。

たとえば、総務大臣と会いましたとか、新しいＣＭをつくるんだけど、どんなＣＭがいいかなとか、新しい料金プランをつくったら、どれぐらい売れそうかなとか、こんなオプションがあったらどうかなとか、来週の何曜日はどこどこにお店ができますよといったことを話します。時には、新店舗の店長に話してもらうこともあります。とにかく、なんでも情報共有していこうと、そういうことです。

メルマガのように文字情報で全店舗に送ってもいいのですが、やっぱり、顔が見えたほうがいいじゃないですか。

夜中、会食でお酒が入ったあとに動画を撮ると、マイクの音声が入っていなかったり、疲れていて、つい言葉が強くなってしまっていて、翌朝、撮り直したりなんていうこともあるので、けっこう時間がかかるのですが、それでもみんなとコミュニケーションができる大事な、すごく大事な時間だと思って、みんなが飽きずに見てくれるように、いろいろと工夫しながらやっていっています。

毎日見てくれてるエックスモバイルのみんな、ありがとう。

◎コラム2 謎の男とA研究生の会話 「ブランドとは」

A研究生 うおお、大変だ！ 大変なことになっている……!! 先生、早くリアル研究室に帰ってきて〜！

謎の男 ふぉっふぉっふぉ。また私が聞いてしんぜよう。今回は一体どうしたんだね？

A研究生 またまたありがとうございます。第Ⅱ部の内容は、マーケティング的にものすごく重要な要素を含んでいる気がして眠れないんです！ うまく言えませんが、勘です！

謎の男 ほほう。例えばどんなところかね？

A研究生 木野さんがロゴ製作に当時の全財産をすべて賭けましたよね。これってブランド論的にものすご〜く重要な気がするんです！

謎の男 ふむふむ、理論的に解明していこうかのう。そもそもブランドとは何か、説明できるかね？

A研究生 あったりまえです！ ブランドとは、アメリカ・マーケティング協会（ＡＭＡ）の定義によると、「自らを他と識別するための、名前・記号・デザインなど、そして『何か』

です！　エックスモバイルという会社の製品・サービスを他の会社の製品・サービスと識別するために、ブランドという存在が必要なんです！

謎の男　そうじゃな。ロゴは、ブランドを消費者の視覚に訴えて、ブランド認知の確立を果たす重要な役割を持っているのじゃ。財源的に厳しかった時代に、ロゴへ全財産投資した行為は「エックスモバイルというブランド確立への先行投資」ともいえるかのう。

A研究生　あと、あと、緑色への想いもジ〜ンと来ました！

謎の男　ふぉっふぉっふぉ。その〝緑色への想い〟ってなんじゃろう？

A研究生　う〜ん……。あっ！　ＡＭＡの定義でいう「何か」ですね！　でも、「何か」って何だろう……。

謎の男　木野さんの緑色への想いって、どんなものじゃったかのう？

A研究生　確か、携帯三大キャリアで緑色の会社がなかったとか、緑色が優しいイメージっていうのもありましたが……。プリングルスのサワークリームオニオンの緑だって言ってましたね。エアアジアでのプリングルスきっかけの出会いから、木野さんの運命の歯車がまわりだして……。それまでずっと孤独だったから、今後は出会いを大切にしていきたい、っていうそんな想いですかね？　緑色はエックスモバイルという会社の原点であり、シンボルである、とか。あっ！　きっと、「何か」って、そういう創業者の会社に対するこだわりや思い入れ、のようなものでしょうか……。

謎の男　ふぉっふぉっふぉ。そうじゃな。コンセプトは一言でいうと「出会い」を大切にする会社、かのう。木野さんは、エックスモバイルを立ち上げるときに、これまで出会った人たち、これから出会う人たちとの関係性、つながりを大切にしていこう、という想いを「出会い」の原点である緑色に込めたようじゃのう。

A研究生　グッときました！　ブランドが、生き生きと思い浮かびます。これが、ブランドのもつ「何か」なんですね！　ブランドって最高!!

謎の男　緑色への想いは、これで終わりじゃないからのう。木野さんが大切にしている代理店やステークホルダーとの関係性……。このエックスモバイルを取り巻く人々との関係性が、さらに緑色ブランドを成長させていくキーになるんじゃよ。詳しくは新倉君から教わるんじゃな。

A研究生　わーい、ワクワクしてきた！　がんばるぞ!!

第Ⅲ部

めくるめく〝出会い〟

第6章 変わる交渉相手

その1　通信市場の変化（執筆：鈴木）

画期的だったドコモのi-mode

「はじめに」でも触れましたが、通信市場はさまざまな変化がありました。そもそも昔は、移動体通信は固定電話に比べると地味で、社内でも端っこにデスクがあるような、そんな感じでした。時代が変わり、通信が固定から移動に変わり、移動通信が主流になってもまだ、基本的には音声電話が中心。

時代を大きく変えたのが、i-mode。音声が中心の時代に携帯電話からインターネットに接続できるサービス、i-modeが世の中に登場したことは、世界的に画期的なサービスでした。その、世界で初めて携帯電話をインターネットに接続させたサービスをスタートさせたのは、日本のNTTドコモです。

このようなサービスは２０００年になっても珍しく、私がマイクロソフトの社員であったときに持っていた携帯電話が、インターネットに接続するのを見て、世界各国のマイクロソフトの社員が「Cool!!」と驚いていました。私もメイドイン・ジャパンの発想力やアイデアを、日本人として誇り、自慢していたのを今でも覚えています。その後、北米では、ブラックベリーというi-modeを進化させた現在のスマホの原型のような携帯端末をつくり、爆発的にスマートフォンがヒットし始めました。

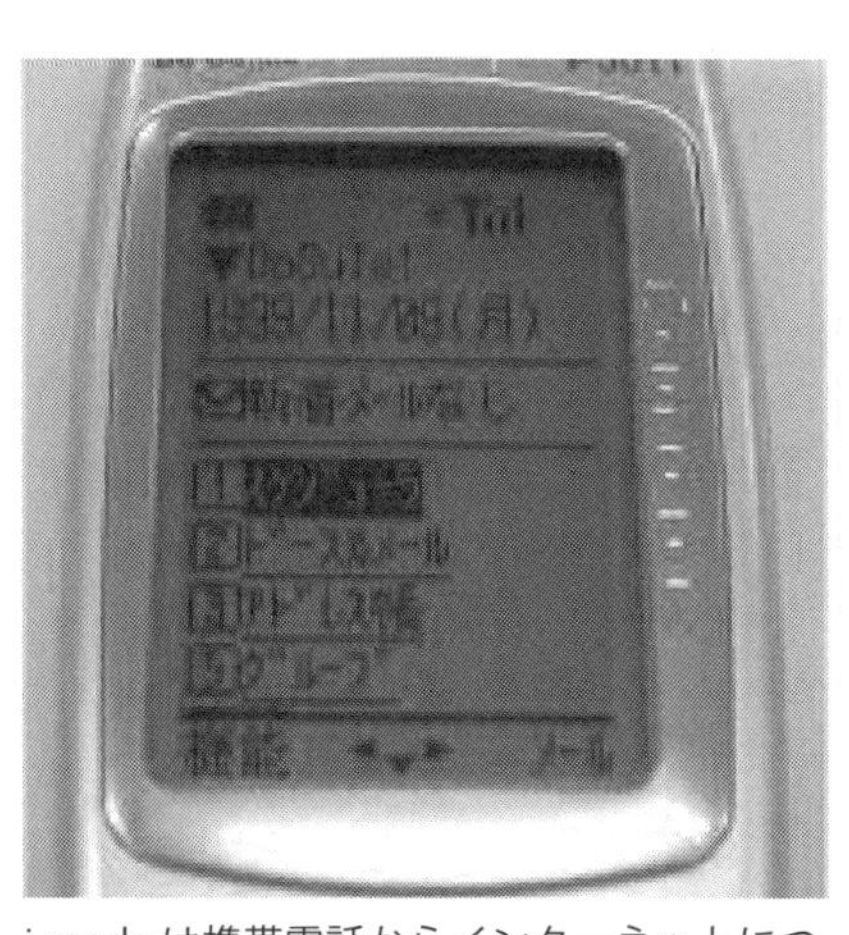

i-modeは携帯電話からインターネットにつながる、世界で唯一無二のサービスだった。当時の日本は世界の中で、ＩＣＴのトップクラスだったのだ。

一方で日本では、１９９０年代にＤＤＩポケット（のちのウィルコム）がデータ通信モデムのエアーエッジを世の中に出すと、ビジネスマンを中心にノートパソコンとエアーエッジをつないだモバイルコンピューティングが急速に普及しはじめました。

しかし依然として、現在のようなデータ通信は主流でなく、携帯電話会社の収入は音声通話でした。ＤＤＩポケットが全国のＤＤＩポケットの販売会社を統合しウィルコムとしてスタートしたのが、２００５年です。ウィルコムは得意のデータ通信で日本最初のスマートフォンであるＷ０３を発表しましました。ＰＨＳという日本特有の通信技術を使い、独自の進化をしていったのです。

この間に北米では、通信と端末を分けた事業が進んでいきます。データ通信が普及すると、規格を統一することで、世界中の安くて品質の良い端末を使えるようになりました。

日本では、音声通話が主流だったころから端末と通信をバンドル販売していた商習慣が残り、端末は通信会社が選び、限定された機種が利用者に与えられることになりました。まさに、通信の鎖国です。このようなやり方で競争が歪められ、既得権益ができ、免許権者と業者の蜜月の関係が生まれてきたのです。日本社会が〝得意〟とする「既得権益」です。通信業界のみならず、これによる愚策、愚政が横行していることは、皆さんもよくご存じだと思います。

通信行政の愚策によるガラパゴス化

このような鎖国状態で進化した日本の通信業界は、「ガラパゴス通信」と海外から馬鹿にされるようになってきました。i-mode のような最先端サービスをつくり、世界中から「Cool!!」

と称賛されていた日本のサービスが10年の鎖国によって、「ガラパコス」とバカにされるまでに落ちぶれてしまったのです。この落ちぶれた原因こそが、通信行政の愚策であったのです。

本来、技術進化の激しい分野では行政の役割は最低限のものでよいのです。行政の関与が大きいと、ろくなことにはなりません。

北米でブラックベリーの陰りが出てきた２００７年にiPhoneが米国で登場しました。いつも思うことがあります。もし、日本でも北米と同じように総務省が通信と端末を別にする指導をしていたらどのようになっていたのだろうか、と。

ウィルコム勤務時代に、いつも端末メーカーの営業部長がウィルコムの営業責任者である私に端末の販売コミット台数を交渉してきました。この販売コミット数で端末の価格も決まるのです。通信会社１社がコミットできる台数は数十万台です。これが国内には３、４社しかないのですから端末メーカーとしては売れても数十万台が精一杯です。また、通信方式も世界標準のＧＭＳではなかったので、端末メーカーからすると日本用とグローバル向けの二重開発が必要です。

しかし、北米の通信市場をターゲットにした端末メーカーはＧＭＳ（当時のグローバルな通信方式）用に開発をすればよ

当時、Air Edgeは、ビジネスマンの必須アイテムになり、モバイル通信の始まりだった。

く、端末販売も世界がマーケットになります。このような時期に韓国や中国の端末メーカーが世界に進出したのです。

私は、総務省が意味のない免許の審査に時間を費やす暇があったのであれば、世界に目を向けて通信規格の変更をいち早く推進する舵取りや、通信会社の端末と通信のバンドル販売を変えさせるなど、根本的な政策に力を入れるべきであったと思います。残念ながら、菅総理も携帯電話の価格を下げることを、今、一生懸命に主張されていますが、なぜ料金が下がらないのか、根本的な原因や本質を見極めて政策的な手を打たないと何も変われないと思います。いたって表層的で国民受けはしそうな政策ですが、陳腐で、産業へのインパクトはまったくない愚策であると思います。

話を戻しますと、通信行政が違っていたら、端末メーカーも最初からグローバルマーケットを見据えて、さまざまな端末が開発されたのではないでしょうか。iPhone のような端末はソ

当時、Air Edge は、ビジネスマンの必須アイテムになり、モバイル通信の始まりだった。

ニーが開発できたかもしれません（これは、私の主観です）。

歴史を振り返ると、１９９０年代は日本が世界をリードしていました。これが、いつの間にか、政策を間違えた結果、グローバル市場で日本は取り残されたのです。

ＩＯＴ社会に向けた提言

２０００年以降は、パソコンと通信は当たり前のようにつながり、コンピュータ端末の中で動いていたアプリケーションはインターネットの先にあるクラウドに移りました。そして、２０２１年の現在、さらに通信は進化し、あらゆるものにつながり始めました。家電、自動車、工作機器、ありとあらゆるものがつながり始めたのです。失策に次ぐ失策で、本来なら世界のＩＣＴをリード出来た日本は、完全に出遅れました。ものと通信がつながる世界、ＩｏＴは巨大なマーケットです。

しかしここでも、さまざまな規制があり、実験一つが大変なのです。たとえば、車と信号と人がネットワークでつながることで交通事故を避けることができるかもしれません。しかし、このような実験を一般道路ではできません。道路交通法、電波法など法律の規制が絡み合います。

特に日本の電波法は、日本のＩＣＴ産業の発展を遅らせています。日本では承認された規格外の機器で通信をすると電波法に引っかかります。そもそも規格の承認を取ればよいのですが、これを取得するには莫大なコストと時間がかかります。

こんなことをしていれば、アイデアはあるが、お金がないベンチャー企業には高い壁になります。この業界はスピードが命です。せっかくよいアイデアがあっても、スピード感をもって対応できません。諸外国ではこのような法的規制が低いので、ベンチャーもたくさん参入していきます。日本は法律によって、自国の産業の発展を止めているに等しいのです。

もちろん私は、法律も規制も必要だと思っています。しかし同時に、世界に目を向けて、諸外国の実情を知り、理解する必要もある。本来の法律とは国民の利益を守るものであり、国民の利益を阻害するものであってはならないのです。

その２　当初の戦略と現状（執筆：木野）

お金から始まった人との絆

ここまでにも書いてきましたが、エックスモバイルは本当に、出会いによって生まれ、出会いによって乗り越え、出会いによって成長している会社だなと思います。

今、思い出してみると、この人がいなかったらエックスモバイルはないな……という方が、どれだけ少なく見積もっても１００人はいるのです。第4章でキムラ社長の話をご紹介しました。キムラ社長との出会い、大変お世話になったこと、そして別れは、僕にとって一生忘れられないことなのですが、このレベルの出会いが、これぐらいお世話になった方が、１００人はいるということです。

しかも、いまも日々増え続けています。これは投資家とか、金銭的なところもそうですし、販売における場面でもそうです。このフランチャイズ店のオーナーがいなかったら、この人がここのお店の店長になっていなかったら、このスタッフがこの店に入っていなかったら――。フランチャイズ店だけではなくて、エックスモバイルの社員のみんな。エックスモバイル最初のつまずきの際、一人だけ残ってくれた、いまの役員もそうだし、ぐちゃぐちゃの状態の中で、辞めずに黙々と仕事をしてくださったアルバイトのマエダさんやミホさんたちもそう。

僕は社員やアルバイト、パートのスタッフ、各店舗の店長のことを自分の家族のように思っています。

思えばこの8年間、会社の設立をしてから今に至るまで、僕が話しているビジョンや夢といったものはまったく変わっていません。もちろん、成長をし、いろいろな変化というのはありますが、事業内容も何も、基本は変わっていません。ただ、私が伝える相手、話す相手が変わってきました。だからこれからもきっと僕が話す内容というのは変わらない。話す相手が増え、そして変わっていくのではないかなと思っています。

第７章　〝限界突破〟の出会いを求めて

その１　ＣＭづくりで勝負に（執筆：木野）

氷川きよしに緑をまとわせる

テレビＣＭをつくろう。エックスモバイルのイメージキャラクターを起用しようと思ったのは、ベクトルに出資してもらったとき。株式会社ベクトルは、ＰＲ業務の代行やコンサルティング、ブランディングなどを手がける会社です。

ベンチャーなど数多くの会社のスタートアップや、ここぞというタイミングで出資をして、ＰＲ面でサポートし、企業価値を高めていき、最終的にはＩＰＯにつなげることを得意とする会社で、エックスモバイルも出資を受けたあとに、さまざまな提案をしていただきました。

（※ＩＰＯ：「Initial（最初の）Public（公開の）Offering（売り物）」の略。未上場企業が新規に株式を上場し、投資家に株式を取得させること）

ちょうど、エックスモバイルを次のステージに進ませたいと考えていたので、テレビＣＭを考えたというわけです。ＣＭで起用するタレントを誰にするか。ベクトル社側から何人かのリストをいただき、ご提案いただきましたが、実は、いつかテレビＣＭをやるときには歌手の氷川きよしさんがいいと思っていたので、私からベクトル社の担当者に、「氷川きよしさんでお願いします」と指名しました。

格安携帯会社のＣＭに出るということは、どういうことかというと、ドコモやａｕ、ソフトバンクといった大手通信会社に抗うということです。だから、普通に考えたら、タレントさんも所属事務所も、大手通信会社のＣＭに出たいと思うものですよね。だから、交渉は難航するだろうと予測していました。

「スゴい電話」への共感から

ところが、イメージキャラクターを引き受けてくれたのです。理由は、「スゴい電話」という商品への共感から、ということでした。「スゴい電話」というのは固定電話の形をした携帯電話で、誰も振り込め詐欺に遭わせたくないという思いで企画した商品です。

日本で1年間にいくら振り込め詐欺の被害があるかご存じですか。年間４００億円です。一人あたり２００万円以上の被害額になりますが、あくまでも被害届が出ているだけのことで、これは氷山の一角ではないでしょうか。被害届を出していない、泣き寝入りしている、家族にも言えない、という方がもっといるのではないかと思います。中には事の重大さから、自殺をしてしまう高齢者の方もいます。高齢者を狙った卑劣な振り込め詐欺を、エックスモバイルでは撲滅したいと考えて、「スゴい電話」という商品を企画しました。

振り込め詐欺というのは、その97・5％が固定電話にかかってくる、携帯電話には2・5％というのを知り（開発当時、警視庁から発表された「オレオレ詐欺被害等調査」より）、固定電話のような形の携帯電話を開発したんです。

詐欺グループがかけるのは、０３や０４５といった市外局番から始まる番号が大多数で、０９０や０８０、０７０で始まる携帯電話の番号にはほとんどかかってこないというのです。でも、おじいちゃん、おばあちゃんには携帯電話の使い方が覚えられない人も多いですよね。だから、固定電話の形をした携帯電話をつくったというわけです。

今はもう終売してしまったのですが、この商品は、「がっちりマンデー」に出たり、多くの雑誌やテレビ番組に取り上げていただきました。その結果、それなりに売れたのですが、今のところ、「スゴい電話」をお使いのお客さまの中から、振り込め詐欺の被害者は出ていません。これは、誇りに思っています。

氷川きよしさんのファンの方にはご高齢の方も多いと思います。ベクトル社の担当者の方に、エックスモバイルの「スゴい電話」で、エックスモバイルと一緒に振り込め詐欺を撲滅しませんか、と伝えてもらったところ、イメージキャラクターを引き受けるという返事がきたのです。氷川さんご自身も考えてくださったとのこと。

この返事がきたときは本当にうれしかったです。もちろんそれまで私は氷川さんとは面識はありませんし、「紅白歌合戦」で見るような、別世界にいらっしゃる方という認識。だから、エックスモバイルが氷川きよしさんを起用できるというのはとてもうれしい、思い出に残ったできごとでした。

その2　限界突破の戦略（執筆：木野）

価格勝負

エックスモバイルの商品の中で「限界突破 Wi-Fi」という商品があります。この商品は最初、

OEM（※）でつくらないかという提案があったのですが、提案されたものをそのまま売るのではなく、エックスモバイルが企画し直して、つくりました。（※OEM：original equipment manufacturer の頭文字。他社ブランドの製品を製造すること、またはその企業。日本語では「相手先（委託者）ブランド名製造」、「納入先（委託者）商標による受託製造」などと訳される）

世の中にあるモバイル Wi-Fi というのは、実はあまり進化がないんです。有名な某 Wi-Fi にしても、約4000万契約もあるにもかかわらず、不便なことが多い。たとえば、周波数が限られていて、つながりにくいエリアもある、価格が高い、海外では使えないなど。

一方で、スマートフォンのプランは、猛烈な価格競争、サービス競争で、どこも安いプランを出してきています。ここで戦っていくには、エックスモバイルの体力や身の丈には合わないと考えました。いずれは、そのステージで勝負できるよう、がんばって経験を積んで、体力、販売力をつけていきたいと思っていますが、現時点では難しい。

そのファーストステップとして、最初に風穴を開けるとしたらどこかなと思ったときに、スマホじゃなくて Wi-Fi だなと考えました。Wi-Fi に一点集中して、各社のモバイル Wi-Fi を研究しました。モバイル Wi-Fi って、おもしろいんです。調べれば調べるほどおもしろい商品で、これまでのところ、大きなイノベーション（技術革新）がない。だから、エックスモバイルがイノベーションを起こせる。そう確信しました。

よし、新しいモバイルWi-Fiを出そう、と決めました。どんな商品名にしようかと考える際、氷川きよしさんをイメージキャラクターとして起用することがきまっていたので、まずは、氷川さんのライブに行ったんです。そこで聴いた、「限界突破×サバイバー」。これ、すごくおもしろい歌だなと思いました。それまでの、「きよしのズンドコ節」とか、やだねったらやだねの「箱根八里の半次郎」とか、演歌のイメージがガラっと変わる、すごいインパクトでした。まさに、限界突破だなと。

対する、新しいモバイルWi-Fiも、価格の限界、Wi-Fiの限界、通信キャリアの限界、こうしたことを突破していこうという意味合いに、自分たちも限界突破しようということも込めて、「限界突破Wi-Fi」という名前に決定しました。

代理店ネットワークを活用――リアル戦術――

もちろんライバル会社もたくさんありました。ただ、そのほとんどはリアルショップではなくてインターネットで販売しています。しかも、通信事業のノウハウはなくて、どこかの企業が企画したものを仕入れて売っているだけにすぎなかったので、さすがに彼らには経験で勝てるだろうと。何か通信トラブルがあったり障害があったりしたときも、自分たちのほうが対応する力が高いという確信がありました。勝てると思った。

さらに、こういったモバイルWi-Fiも、ネットではなく、フェース・トゥ・フェースでリアルにお客さまに提案して売っていくことを大事にしようと考えました。たとえば、つながらないかどうか心配なのであれば、何日間か家で使ってみてもらうとか。あるいは、故障したら、店頭に持ってきてもらえばすぐに交換できるとか。ネットではできない、リアル店舗ならではのサポートや顧客対応をしっかりやっていくことによって、より強固な営業ができるのではないかなと思い、リアル店舗でのきめ細やかな営業に注力することにしたのです。

その3 企業の成長と社会課題（執筆：木野）

東村山市に寄付をする

エックスモバイルの共同発起人である鈴木たつおさんが、紆余曲折あって東村山の市議会議員になりました。鈴木さんが最初の目標である地方議員に当選し、私は私で、エックスモバイルを起業して5年めくらいのころ、会いにきてくれたのです。起業から約5年たって、やっと僕も地獄の資金繰りを脱出しつつあって、暗闇の中で全力疾走していたのが、少しだけ明かりが見えてきた、そういうタイミングで鈴木さんと再会しました。

そのとき、鈴木さんとの話の中で、東村山の小中学生たちがWi-Fi環境がなくてすごく困っているという話を聞きました。たとえば、授業でWi-Fiが使えないとか、家に帰っても、家にWi-Fiがないから使えないといったことです。小中学生だけじゃなくて、先生も自宅にWi-Fi環境がないというケースがあると聞いて、じゃあぜひとも寄付をさせてください、お金を寄付するのではなくて、通信環境を寄付させてほしいと私から申し出をして、東村山市にモバイルWi-Fiを1年分の無制限の通信をつけて寄付をさせていただきました。

これは、東南アジアで生活をしたころに感じたこと、エックスモバイルを創業したきっかけの一つになった教育の格差、通信環境がないことによる教育の格差ということが頭にありました。もちろん日本は東南アジアに比べれば、全然マシなほうなのですが、それでもやはり、地域差や所得差による教育格差があると感じています。

エックスモバイルはまだまだ小さな会社なので、キャッシュでポンと寄付するのは難しいのですが、モバイルWi-Fiを寄付するぐらいだったら、身の丈というか、バチは当たらないかなと思って、決めました。結果的に、教育委員会の方や市民の皆さんに喜んでいただけて、さらに、予想もしていなかったのですが、販売店になりたいと手をあげてくださる企業が見つかったりと、エックスモバイルの知名度があがったりして、やってよかったと思っています。こうやって恩返しができたことが、とてもうれしいです。

東村山市へモバイルルーターを寄付したときの式典模様。

自治体との連携――ＣＳＶ経営――

東村山の寄付をしてから、デジタル庁という動きもあったし、自治体でもＩＴ、通信環境の整備などが進んでいると思いきや、まったく整っていないことがわかりました。話をしても、用語がわからないし、興味そのものが低いという感じでした。

そこで、県知事や市町村長など、自治体の首長２００人に会いにいきました。コロナ禍の最初の緊急事態宣言が解除されて、2回めの緊急事態宣言が出るまでの数カ月間にまわりまして、新たにエックスモバイルのWi-Fiを寄付させていただいたところもあります。私にとって半分地元のような愛知県では、高校生数千人がエックスモバイルのWi-Fiを使っています。また、大分県では半分以上の自治体でエックスモバイルのWi-Fiを導入していただくなど、いろいろな成果がありました。

また、私が各地の首長を訪問することで、その地域の自治体とエックスモバイルの代理店が連携しやすくなったという効果も出たので、これからも全国各地をまわって、各自治体や各地域の通信における課題を、自分たちができる形で解消していけたらいいなと考えています。

その4　ICTと地方自治体の課題を〝限界突破〟（執筆：鈴木）

通信格差の課題解決――GIGAスクール構想――

通信行政を変えたいと思っていても、残念ですが、イチ地方議員ができることではありません。しかし、地方自治体とＩＣＴを利用した事例をつくっていくことはできます。

私が市議会議員を務める東村山市は、「公民連携」を政策に掲げて民間企業と先進的な取り組みを行なっています。民間企業の資本力と知見を借りて行政サービスを運営する取り組みです。ここでは取り組みの詳細は割愛しますが、民間事業者との提携をさまざまな分野で模索しています。

令和2年になり、ＧＩＧＡスクールというＩＴ機器を使った教育準備が日本全国でスタートしました。簡単に説明すると、小中学校にWi-fiを設置して、生徒にパソコンやタブレットを配布して授業を行なっていく政策です。自宅に帰って、自宅のネットワーク環境につなぐと、生徒が自分のスケジュールの中で予習や復習をすることが可能になり、画期的な教育を行なうことができるとしています。

しかし、このＧＩＧＡスクールを推進するうえで問題になるのが、通信格差。日本のブロードバンド普及率は高いとはいえ、ネットワーク環境がない世帯もまだまだたくさんあります。

昨今、経済格差が教育格差になっていることが問題視されていますが、まさにＧＩＧＡスクールが始まると、このような経済格差が教育格差につながる可能性があるのです。

CSV経営の必要性

ＩＣＴ化が教育現場でも広がる中で、経済格差を教育格差にさせないためにどう取り組めばよいのか悩んでいたときでした。木野さんから、東村山市へモバイルルータの機器と利用料を無償で寄付をしてくれるという話をもらいました。木野さん自身、子どものころ、生活で苦労したことがあり、教育に格差が生じてはならないという強い思いがありました。木野さんのこうした思いと、私の思いがＸ（クロス）して実現したことです。

民間企業がなんでもかんでも自社のサービスを寄付していては、事業はなりたちません。しかし大手企業の多くは寄付や支援事業を行なっています。そこには、企業トップの理念や信念、考え方が大きく影響しますが、そこは企業なので、経営にプラスになることも考えています。会社の存続、従業員の生活を考えたら、それは当然のことです。

企業が社会的な貢献をすることで、消費者が企業のブランドイメージを向上させます。エコロジーに配慮した事業に取り組んだり、脱酸素に取り組む、教育、医療、あるいは貧困に取り組むなど、企業はある程度の組織になると社会的な責任を担い、その社会的課題に利益とは関係なく取り組むことがあります。利益の何％かを社会的貢献事業に費やすことで、会社のブランド向上が見込んでいるのです。

このような社会貢献活動は、かつては、利益の大きい企業を中心に行っていたＣＳＲ（企業の社会的責任、Corporate Social Responsibility）ですが、近年は、ＣＳＶ経営というものが重視されています（ＣＳＶ：共通価値の創造、Creating Shared Value）。

ＣＳＲの一環として、単に、企業が寄付事業を行なうのとは異なり、ＣＳＶは戦略的に企業と社会が共通の価値を創造していくという考え方です。広く社会と経済との共通価値をめざす姿勢から、企業の目的を再定義することができます。

たとえば、あるビール会社では、ビールの原材料になるホップを生産する生産農家を支えて、日本のホップを使った純国産ビールを提供しています。国内の生産農家を支えたい消費者は価格が高くても購入するでしょう。消費者の心理としては、自分の購入が日本のホップ生産者を支えていることを、消費を通じて体感できます。

エックスモバイルは、木野さんの創業理念の中で、「情報の格差は経済格差を生む。エックスモバイルは、世界中の人々が等しく情報を得られることで、人々の生活を幸せにする」ということをあげています。木野さんはこの理念を創業当初から実行しており、売り上げの何％かを貧困国に寄付しています。実は、本人はＣＳＶという戦略をまったく意識していなかったようなのですが、結果的にはＣＳＶの実践です。

エックスモバイルの利用者は、サービスを利用することで、この理念を支えているのです。

これからのマーケティングではCSVが戦略上、非常に重要なマーケティングになると考えています。CSRは企業からの寄付が多く、お金がないとできる活動ではありません。しかしCSVは、消費者、生産者、企業がともに新しい価値を創造するので、お金の有無は関係ありません。戦略的な発想が重要であり、ベンチャー企業でも可能な戦略です。

エックスモバイルは、創業当初から、結果的にCSVを無意識で実践してきた企業であり、東村山市でもCSVを実践しています。これからは、ベンチャー企業であっても創業当初の事業計画において、戦略的にCSVを取り入れていくことが重要だと考えます。

これから創業を考えている方は、自社の商品を売ることで、社会、経済にどのような価値を創造することができるのかを考えられるとよいと思います。このような価値創造は価格競争に巻き込まれづらいからです。

先ほど、ビール会社の事例を話しましたが、日本の生産農家を支援したい消費者にとっては、価格が多少高くでも買うでしょう。もちろん、ビールがうまいことが大前提ですが（笑）。

格安スマホで考えたときに、単に利益のみを追求する企業と、格安スマホを普及させることで情報の格差をなくして貧困を改善しようとする会社があれば、皆さんはどちらの会社を選ぶでしょうか。エックスモバイルも民間企業ですので利益追求は当然ですが、ベンチャー企業でありながら、ＣＳＶを実践しているところに特徴があるといえるでしょう。ＣＳＶに関しては、このあとの章で、新倉貴士教授に詳しく解説していただきます。

◎コラム3　謎の男とA研究生の会話　「CSV経営とは」

A研究生　ふふふ……ついに私の時代がやってきた……ブッブッ……。

謎の男　なんじゃ、いつになく、自信に満ちておるがどうしたんじゃ？

A研究生　謎のおじさま。第Ⅲ部の内容は、ハッキリいって、得意です！　CSVや社会貢献は本業なんで！

謎の男　ほほう。じゃあ、CSVとは何なのか、言えるかのう？

A研究生　もちろんです！　CSVは、Creating Shared Value、本業を通じた共通価値の創造を言います。企業には、もはや経済的な価値だけでなく、社会的な価値創造が求められる時代になっているのです！

謎の男　なぜ今、CSV経営が重要視されておるのかのう？

A研究生　はい、日本におけるビジネスモデルとしての共通価値の創造は、社会的背景により大きく四つの時代に分けられます。

まず、1970年代は公害問題を背景とした、法令遵守・環境汚染対策の時代でした。企業利潤の追求と社会的責任の問題が初めてクローズアップされた時代と言えます。

次に、2000年代に入ると、地球温暖化問題を背景とした、企業のCSR、社会的責任としての社会対応の時代です。CSRは、Corporate Social Responsibility、企業の社会的責任＝フィランソロピーという外的動機に基づく時代です。

そして、2010年代に入ると、CSV概念が登場します。さまざまな社会課題が登場し、ビジネスのフレームワークも変化し、社会適合性が求められるようになりました。競争や利益最大化にCSV経営が必要になっている——内的動機に基づく時代です。

最後に、現代は、サスティナブル社会に向け、国連のSDGsを共通目標としたESG経営の必要性が求められています！ビジネスを通じた課題解決のソリューション提供が企業に求められているのです！

はあはあ……疲れた……。

謎の男 ううむ、よしとしよう。木野さんの取り組みの中で、気になるところはあったかのう？

A研究生　はい、氷川きよしさんへのCMオファーで、「共感」てポイントが出ましたよね。あれ、ジ～ンと来ました！　私の所属する非営利セクターでは潜在的支援者への「共感」をいかにして生むか、が最重要視されているんです。
スゴイ電話は、本業を通じた社会課題の解決、まさにCSV！　電話で社会課題の解決ができるなんてすごく感動です！　今後も、さまざまな社会課題の解決につながる製品を企画してほしいです。私も共感。

謎の男　マーケティング的には、ビリーフドリブンな購買が新たなスタンダードになっているからのう。企業だけでなく、消費者も変わってきているのじゃよ。

A研究生　はい！　まだまだCSRってナニ？　社会貢献ってナニ？　寄付ってお金持ちがするんでしょ、なんて声を聞くこともありますが、時代に合わせて、自分も社会に付加価値を還元できる人間になりたいです！

謎の男　社会への付加価値還元の前に、マーケティングの研究を、まずはがんばるのじゃぞ。さらばじゃ！

A研究生　えっ！　おじさま、せめてお名前を……むにゃむにゃ……。

新倉教授 Aさん、ゼミ中ですよ、居眠りしないでくださいね。

A研究生 ハッ！ 夢だったのかしら……。あれはきっと、マーケティングの神様だったに違いないわ!! よーし、マーケティング研究がんばるぞー。研究で社会に貢献できる価値創造だあ！

特別コラム

いつか必ず、僕が変える。経済の暗黒大陸

（執筆：木野）

「はじめに」で、僕自身は本を書く価値のある社長だとも思っていなくて、日々悩み、苦しみながら経営していると書きました。が、まさに、この執筆中にも事件が発生しました。エックスモバイルの経営を大きく揺るがす問題に発展しています。これを赤裸々に書くべきかどうか、非常に悩みました。

なぜならば、本を買ってくださった方は、少なからずエックスモバイルに興味を持ってくれている方だと思いますし、エックスモバイルの通信のお客さまかもしれないし、フランチャイズ店のオーナーや従業員の方、あるいは本社社員、そして株主や投資家の方々も読むかもしれない。

となったときに、会社にとって都合の悪いことを書いて、知らせていいのだろうか、と思ったからです。でも書くことにしました。理由は、今後もこのようなことがまかり通っていいわけがない。

近い将来、僕とエックスモバイルが力をつけたときに、同じようなことが起きないよう

にしたい。もしかしたら、どの業界でも、同じようなことが起きている可能性がある。こんな企業対企業への暴力に近いようなことで、スタートアップがつぶされる、成長の芽が摘まれる、ということをなくしていき、日本で生まれた会社が世界中で活躍できるようにしていきたいという思いからです。

何が起きたのかを説明する前に、簡単にエックスモバイルの収益とその仕入れについて説明します。エックスモバイルの主な収益は「通信料収入」と、スマートフォンやモバイルWi-Fiの「端末販売収入」です。

端末販売の仕入れ値は為替変動などで多少上下したり、コロナの影響によるICチップ等の価格高騰などで多少変動はありますが、通常時の1.5倍や2倍などに大きく変わるものではありません。ましてや今、端末はOEMから自らがメーカーになるべく準備をしており、端末製造原価は支配下にあります。

問題は「通信」の仕入れです。

日本では、鈴木たつおさんが第2章の「その2」でも書いているように、日本の通信事業は免許制度になっていて、いろいろな問題、課題もあるのですが、今ここではそれはおいておきます。ですが、その制度があるために、エックスモバイルは自社の電波を持っていません。持てないのです。つまり、大手通信キャリアの通信ネットワークを利用させていただく。〝仕入れ〟ているというわけです。

今回、その仕入れ先から、それまで、お互いに納得した金額で年単位で契約していたものを、一方的に、「原価を3倍にする」という通告がきました。実はその前にも、「2倍にする」と通告があり、それを断ると利用者に影響が出るので、それを受け入れていました。今回、そこからさらに「3倍にする」というのです。

かといって、利用者に「エックスモバイルの通信料も3倍にする」とは言えません。「2倍にする」と言われたときは、もともと無制限で販売していたプランを、1日10ギガ、月間300ギガに変更させていただきたい、とお詫びをして、利用者の方に継続してご利用いただきました。お客さまにも店舗の店長、スタッフにも苦労をかけましたが、通信の仕入原価が2倍になったことをなんとかカバーしました。しかし、さらに「3倍」となると、もうカバーしきれない。しかも、顧客の利用料金を上げることはできない——。

いったい何のためのMVNOなのか。エックスモバイル起業の背景には、通信料を安くすることで情報格差をなくしたいという思いがありました。全国で多くの学校や子どもたちも使っているのです。仕入れ３倍を受け入れた時点で、年間十数億円の赤字になる見込みでした。それでも、それを受け入れるしかないのか。そう思っていたら、今度は、「３月末で通信を停止する」と通知がきました。

通信はもはや社会インフラです。このまま通信が止まってしまうと、お客さまに迷惑がかかる。それは許せない、ふざけるな！

僕は、総務大臣室に電話をしました。２０２１年３月末頃は総務省と大手通信事業者との接待問題で叩かれていた時期です。この時期に連絡をしてもよいのかと一瞬悩みましたが、通信が一方的に止められるということは死を意味しました。

現在、ＭＶＮＯ潰しのようなことが横行している。このままでは１週間後に通信が停止し、大きな事件になる。話を聞いていただけませんかと伝えると、その日のうちに「明朝、大臣室に来て、詳しく話を聞かせてください」と連絡をもらいました。

翌日、現在起きている事象、経緯を含めて説明をしたところ、該当する某通信キャリアに対して、総務大臣室ならびに総務省から、一方的な通信の停止を止めるよう連絡をしていただきました。

おかげで何とか通信の一方的な〝停止〟は免れましたが、通信原価については事業者間の相対取引という前提があり、総務省としては介入できないとのことでした。

まぁ仕方がないです。こういった問題を見極められなかった僕の経営判断が甘かったとハラを括りました。通信の停止が免れたことは、総務省のみなさんにとても感謝しています。


しかし、総務省が大手キャリアの廉価プランの登場を「政治の成果」と言う限り、日本の通信業界が大きく変わることはないと思います。今回と同じようなことでＭＶＮＯが絶滅すれば、大手はまた値上げをするに決まっているからです。

通信業界を変えるには、大手キャリアも進化し、ＭＶＮＯも大きく成長する。この両軸が不可欠だと思います。


エックスモバイルがその一端を担えるよう、次の一手を打ちます。

第Ⅳ部

本書の解説

第Ⅳ部をはじめるにあたって（執筆：新倉貴士）

第Ⅰ部から第Ⅲ部までで、エックスモバイルの誕生から現在までのストーリーを理解していただけたと思います。ここからは、このストーリーをアカデミックな視点で解説します。

アカデミックのビジネス分野では、ケーススタディ（事例研究）という研究方法やケースティーチング（事例教育）という教育方法があります。あるケース（事例）を通じて見い出されるさまざまな知見を明らかにしたり、それらを実践的な場面で役立てるように教育していくものです。第Ⅳ部では、エックスモバイルをひとつのケースとして捉え、そこから見い出される重要な知見を解説していきます。

私と木野社長との出会いは、鈴木さんを通じてでした。私のMBAコースのゼミ修了生でもある鈴木さんから、「こんなおもしろい社長がいるんですよ！」という話を聞き、お会いすることにしました。そして、話を聞けば聞くほど、どんどんと惹きつけられて、とても興味をもちました。

そこで、エックスモバイルの存在を、木野社長の属人的なパーソナリティや、さまざまな行動から捉え、それらが生み出している「ひとつの現象」として、エックスモバイルを捉えてみました。社会科学分野の研究者としての思考癖なのですが、あらゆるものを「ひとつの現象」として捉え、その現象を生み出していると考えられる「背後の要因」を想定します。ここでは、エックスモバイルの存在が「ひとつの現象」であり、木野社長のパーソナリティや、さまざまな行動などが「背後の要因」となります。

今、「ひとつの現象」としてエックスモバイルをとらえ、何がエックスモバイルを成り立たせ、導いているのかという視点に立ってみます。木野社長の話を聞き重ねていくうちに、鍵となりそうなある言葉がひとつ浮かびました。「出会い」です。

私も仕事柄、毎年かなり多くの人たちとお会いしていますが、木野社長の場合、それをはるかに超えていると感じました。そして、その「出会い」には、「たまたま」や「偶然」という形容詞がつくことが、なんと多かったことでしょうか。

本書のタイトルを『エックスモバイルという偶然』くらいにしてもよかったかもしれません(笑)。不確実性に満ちあふれる今の世の中にあってさえ、はるかに超越した「偶然の産物」という現象のように感じました。このように捉えてはみたものの、私の役割からは逆に大きな課題となりました。「偶然の産物」を解説するという厄介な課題になってしまったからです。

この第Ⅳ部では、少々大袈裟ですが、「偶然を科学する」という感覚で読んでいただけますと幸いです。また、ビジネス分野の内容は、初めてという読者も多いと思いますので、教科書のような基本的内容も少し多めに補足しました。ビジネス分野のなかでも、特にマーケティングやブランドという目に見えにくい、捉えにくい経営マネジメントに関する内容が中心になりますので、できるだけわかりやすくするために、取り上げる概念の説明を多くしました。こうした内容に精通している読者は、それぞれの概念を今一度確認する意味で、「急がばまわれ」という感覚でお読みいただけますと幸いです。

「スタートアップ」と「ベンチャー企業」の違い

スタートアップ：これまでにない革新的で新しいビジネスモデルを用いて事業を行なう企業。もとはシリコンバレーで使われはじめた言葉で、たとえば、Google や Facebook、Amazon などをさす。

ベンチャー企業：日本人が作った和製英語。既存のビジネスモデルをベースに収益性を高める工夫をしたり、スケールアップすることで売上アップをめざすような組織のこと。

第8章 スタートアップに求められる偶有性とマーケティング

本章では、スタートアップを念頭におき、ひとつの現象として企業行動をとらえる分析枠組みを紹介します。特にスタートアップの場合、その企業行動の第一は、企業家の起業に関する行動となります。

その１　企業家の行動を捉えるＭＡＯの枠組み

Motivation、Ability、Opportunity

社会科学分野では、人間行動をとらえる際に共通する考え方がありますので、まずはその点から解説していきます。人間行動を客観的にとらえるためには、重要な三つの要因が考えられています。当然、企業家の起業という行動を客観的に理解するためにも重要となります。これらはMotivation（動機づけ）、Ability（能力）、Opportunity（機会）です。

これら三つの要因は、人間の認知的な情報処理メカニズムを解明していくなかで導き出されてきました。たとえば、マーケティングでは、消費者の購買行動を理解するために、購買の意思決定プロセスを想定します。最近では、カスタマージャーニーなどとも呼ばれます。そして、このプロセスに「問題認識・情報探索・選択肢評価・購買・購買後評価」というステップを組み込み、各ステップで、どのような情報処理が行なわれているかを細かく検討していきます。


ひとつの例として、パソコンの買い替えを考えてみましょう。問題認識とはニーズ感知のことで、「最近、フリーズが多くなってきた」や「スタバで使うには見ためがイマイチ」など、さまざまな理由に基づいてニーズが感知されます。そして、これを問題として認識する度合いが高まるほど、買い替えへのMotivationは高まります。

Motivationが高まると、積極的な情報探索が行なわれます。買い替えに適する品名や型番、ブランドやスペックなどの詳細な情報が次々に探索されます。パソコンなどの精密機器になると情報が探索されても、その意味がわからないことも少なくありません。また、以前購買したときとは、製品の仕様が変わっていることも多々あります。

買い替えに適する選択肢を評価するためには、それなりのAbilityが必要になります。ここでは、パソコンに対する知識や判断力となるAbilityです。Motivationが高いだけでは、適切な情報処理はできません。最適な評価や判断を下すには、適切なAbilityが要求されるのです。

パソコン購買では、実際に使用する主な場面を想定することが多くなります。大量のデータ解析を一日中行なうタフな使用場面なのか、スタバでネットサーフィンやメールチェックをする気楽なシーンなのか。こうした使用場面やシーンによって、Motivationの熱量やあり方、要求されるAbilityは異なってきます。

使用場面やシーン、あるいは状況や文脈と呼ばれるOpportunityは少し認識しにくい要因なのですが、消費者の情報処理に重要な影響を及ぼします。そして、このようなOpportunityに適した選択肢が購買され、実際の使用を通じて、満足や不満足といった購買後の評価を繰り返しながら、さらなるAbilityが蓄積されていきます。

身近なパソコン購買の事例から、Motivation、Ability、Opportunityについて理解できたと思います。ここでは、消費者の購買行動に関する情報処理という観点でしたが、企業家の起業行動も同様に、これら三つの要因から理解することができます。

図8―1は、企業家の起業に関する三つの要因（それぞれの頭文字をとりMAOと称します）を示しています。

①まず企業家は、事業起ち上げへの強い想いを持ちます（Motivation）。この強い想いこそ、その後の事業化や様々な困難を乗り越えながら事業を推進していく力を生み出す熱量となります。

②次に企業家は、広範かつ多様な情報源から情報探索活動を繰り返し、事業化や事業推進のためのノウハウを獲得していきます。また、事業化や事業推進には資金も必要となるため、その資金を調達するためのノウハウも同時に獲得していきます（Ability）。

③さらに企業家は、こうした情報探索活動を重ねる中で、さまざまな機会に触れることになります。情報源や資金源となる人あるいはモノやコトとの出会いの場です（Opportunity）。特に企業家は、

図8-1 企業家のMAO

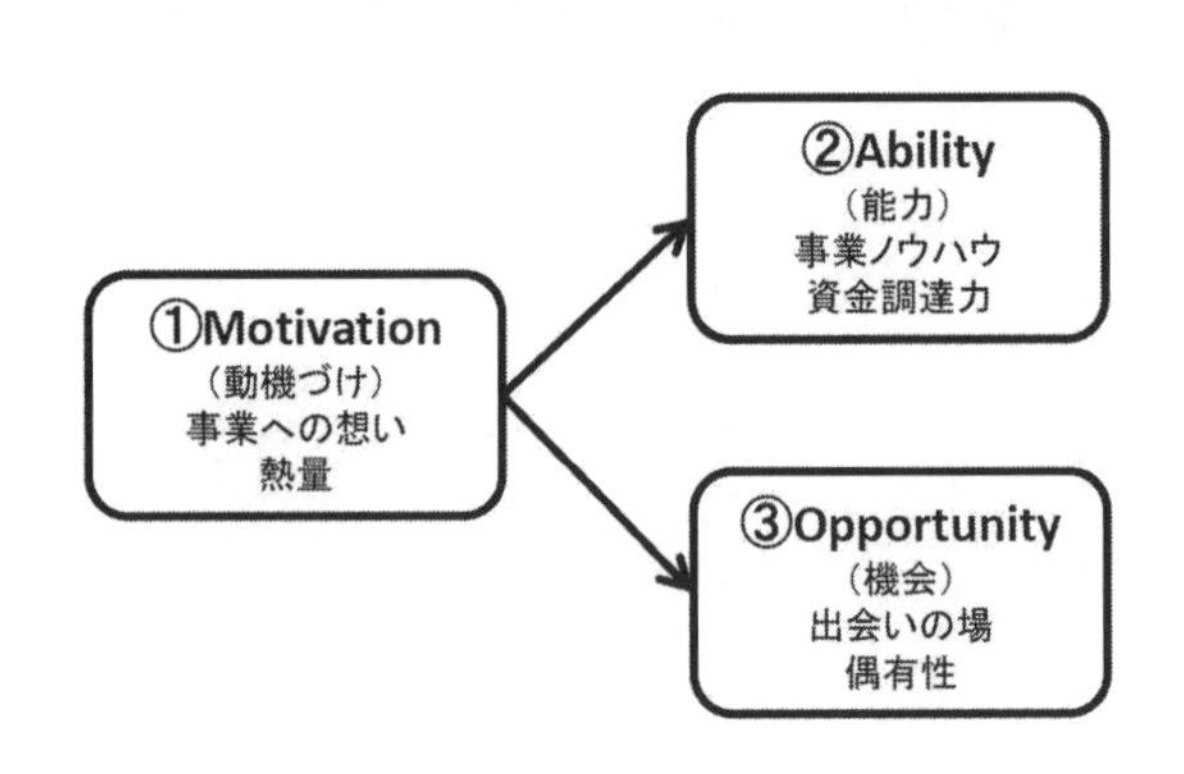

Opportunityとして偶然的に訪れる偶有性、これを大事にできるか否かが重要な鍵を握ると考えられます。

McMullen & Shepherdは、「企業家の理論における企業家行動と不確実性の役割」（＊１）という論文の中で、ＭＡＯを使用して企業家がOpportunityを認識するモデルを展開しています。私の同僚の田路教授はこのモデルを使用して、起業における不確実性行動をうまく説明しています。ここでは、その説明を基にして解説します（＊２）。

このモデルでは、起業に至るまでのプロセスを、起業への「注目段階」と「評価段階」という二つの段階に識別します。起業へのMotivationが高まっている「注目段階」で強く不確実性を感じると、次の「評価段階」には進まず、起業へのアクションは起こりません。

不確実性の感じ方というものには個人差があり、この感じ方はAbilityである企業家それぞれの事前知識に依存します。ここで、たとえ不確実性があっても、そこに「Opportunityが明らかに存在する」と感じる「第三者機会（third-person opportunity）」を認識するか否かがポイントになるとされます。この「第三者機会」とは、自らが第三者の立場で、その機会を認識することです。当然、企業家それぞれにより、この認識は異なります。

そして、この「第三者機会」を認識できる者だけが、次の「評価段階」に進みます。「第三者機会」を認識して「評価段階」に進んでも、その事業が自らにとって適合性がありMotivationをもち続けて推進していけるか否か、その事業の実行可能性を評価できるだけのAbilityがあるか否かによって、「第三者機会」が「当事者機会(first-person opportunity)」になりうるかが問われます。

「当事者機会」とは、第三者的な感覚ではなく「自分ごと」として、その機会を認識することです。「当事者機会」として認識されなければ、起業へのアクションは起こりません。このように、不確実性の下での起業行動をプロセスとして展開し、MAOの枠組みから客観的に考察する試みがなされています。Opportunityである「機会」への認識のあり方が重要なのです。

図8—2は、MAOの枠組みに基づいて、Opportunityを軸にしたフェーズの展開を示しています。

左側の第1フェーズは、図8—1で説明した内容で、起業時の様子を示しています。右側の第2フェーズは、事業を進めていくなかで、①あるOpportunityと出会うことにより、事業が次の第2フェーズへ展開していくという様子を示しています。あるOpportunityを軸にして、②第2フェーズにふさわしい新たなMotivationが生まれたり、③第2フェーズを展開するために必要となる新たな Ability が蓄積されていきます。そこには、起業当初にはまったく想定していなかったスタートアップの姿が、現実として立ち現れることになります。

このように大きくフェーズを変える Opportunity の存在を認識する必要があります。

木野社長が出会ったこれまでの Opportunity のなかで重要なものとしては、次のものが挙げられます。まず、起業への構想段階では、「リチャード・ブランソン@シンガポールの講演会」、「プラザローヤット@マレーシア」、「鈴木さん@Ｄ７５２２便」、「おかみさん@京都の旅館」、「資金提供者@心斎橋の日航ホテル」です。

事業推進段階では、「スゴい電話@がっちりマンデー!!」「ハズキルーペの松村社長@テレビＣＭ制

図8-2　MAOに基づく展開

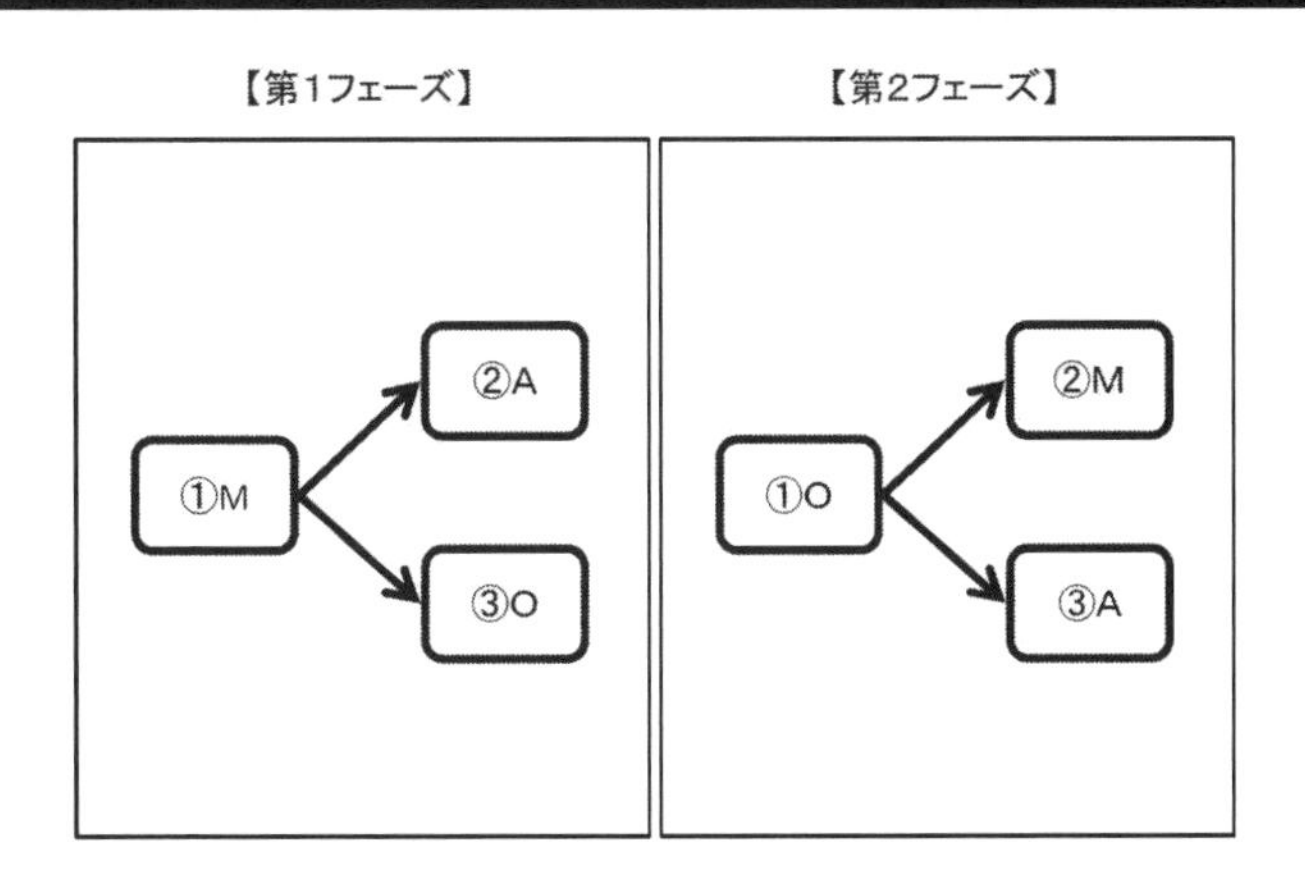

作」、「モバイル Wi-Fi 寄付＠東村山市」です。

その2から、こうした Opportunity のもつ重要な意味を解説していきます。これらのなかでも、大きくフェーズを変えたと考えられるのは、「鈴木さん＠D７５２２便」、「スゴい電話＠がっちりマンデー!!」、「モバイル Wi-Fi 寄付＠東村山市」の三つだと考えられます。エックスモバイルを生き物として捉えると、成長の節目のような意味をもちます。この詳細は、また次章で詳しく説明します。

その2　理解すべき偶有性

Contingency

偶然訪れる Opportunity を大事に？　学問というのもいい加減なものかと思われるかもしれませんが、ここは少々おつきあいください。Opportunity を大事にする背景には、実は「状況」のもつ重要性が認識されてきたからなのです。

人間集団を組織として考察する経営組織論の分野には、条件適合理論（contingency theory）という理論があります。ごく簡単に説明すると、経営組織のあり方は状況である環境条件に依存するため、最適な組織構造を考えるには、環境条件との適合性を考慮しなくてはならないというものです。

これは組織のリーダーシップについてもいえます。一般にリーダーをイメージすると、「ぐいぐい」と部下を引っ張る先導的なリーダーの姿が浮かびます。しかし、必ずしもこのようなリーダーが常に成果を残せるわけではありません。どちらかというと、あまり目立たずに裏で「こそこそ」と動き回る調整型のリーダーが成果を上げていることも多いのです。組織とその置かれた状況との適合度合いにより、求められる組織構造やリーダーシップのあり方は異なってくるわけです。

人間の消費行動を考察する消費者行動論の分野では、コンティンジェンシー・アプローチ（contingency approach）という考え方があります。現在のメインストリームである消費者情報処理研究の基底をなす考え方です。

基本的には、経営組織論での条件適合理論と同じで、消費者の認知的な情報処理は、環境条件に依存するというものです。消費者の評価や判断、選択行動や購買行動を捉えるには、消費者の環境となる状況の影響を考慮しなくてはならないのです。その状況で機能する要因として、消費者の内側に想定されるMotivationとAbility、外側に想定されるOpportunityという三つの要因が重要なものとして特定化されてきました。これら三つの要因に規定される形で、消費者の評価や判断、選択行動や購買行動が出現すると考えるのです。

組織行動でも個人行動でも、やはり人間は環境となる状況からの影響をとても受けやすい存在です。それは、頭の中の認知面でも、実際の行動面でも同じです。ですので、経営組織論でも消費者行動論でも、Contingencyという考え方を大切にしています。

英語の辞書では、偶然性、偶発性、不測の事態などと訳されます。"It's contingent on X." のように使われて、「それはX次第です」や「それはXに依存する」という意味になります。「X」によって、いかようにもなりうるという微妙なところに「現実が開かれる」ということです。この「X」に「MAO」を当てはめて、これらによって「現実が開かれる」という感覚を理解することが重要なのです。要するに現実というものは、MAO次第で、どんな形にでもなりうるのです。

Contingencyは、哲学や社会学の分野では、「偶有性」という概念で議論されてきました（＊

3）。少々難しい言葉なので、わかりやすくビジネスに関連する事例を挙げてみましょう。

今では、受験生のお守りとしてすっかり有名になったネスレの「キットカット」の事例です。マーケティング研究者である元神戸大学の石井淳蔵教授は、その著『ビジネス・インサイト　創造の知とは何か』のなかで、「市場の中で生まれる価値とは、〝他でもあり得た〟偶有的な価値に他ならない」（＊４）と述べています。「他でもあり得た」とは、何とも無責任な感じがしますが、ここのところをしっかりと理解しなくてはなりません。

九州のある地域で「きっと勝っとう」という語呂合わせのゲンかつぎから、受験シーズンにキットカットが飛ぶように売れていました。石井教授は、「新しいビジネスモデルが生まれるときに働く知をビジネス・インサイト」と呼んでいます。

それまでは、単なるチョコレート菓子のひとつで、当時コモディティ化しつつあったキットカットが「お守りになる」という一瞬の閃きが、ネスレのマーケティング担当者にはあったと思われます。これこそ、ビジネス・インサイトです。そして、このインサイトを基にしたネスレは、キットカットを「ストレス・リリース製品」として位置づけた市場の再定義を行ない、コモディティ化を脱するべく明確なブランドとして大きな価値を創造していきました。

チョコレート菓子は、偶然にも「お守り」になった。これが偶有性の意味するものです。別に「お守り」でなくても構わなかったはずです。これが「他でもあり得た」ということなのです。製品やブランドとそれが使用される状況との関係性が、偶然の産物として現実化されるのです。逆に言いますと、製品やブランドは、偶然的・偶発的な関係の中に置かれていて、いかようにも意味づけが可能になるということです。

Contingency と相通じる考え方に Affordance という概念があります。この概念は、心理学にある生態学的心理学という分野のアフォーダンス理論（affordance theory）のなかで展開されます。Affordance とは、この理論を唱えたギブソンの造語で、英語の afford（与える、提供する）から由来するとされています。ひとことで述べますと、「環境や状況が何かを与えてくれる」という考え方です。

たとえばここに、硬くてしっかりとした木製のりんご箱があったとします。通常は、りんごが傷つかないように輸送するために使われますが、状況によっては、高いところにあるものを取るための踏み台として、あるいは昭和の時代には勉強机としても使われていました。りんご箱が状況によって、踏み台や勉強机にもなります。キットカットも、受験という状況に置かれて「お守り」になりました。まさに、状況が afford しているのです。

Strategic Window

マーケティングの分野では、Strategic Window（戦略の窓）という概念があります（＊５）。これは『事業の定義』で有名なデレク・エーベル教授のハーバード大学教員時代の論文タイトルからです。そのサブタイトルとして、「製品や市場に投資するときは、戦略の窓が開かれているときである」と記されています。要約すると、市場では劇的な変化が起こるときがあり、それが新たなOpportunityとなり、そのOpportunityを「戦略の窓が開かれているとき」として認識し、その窓が開かれている間に、資源を集中投下すべきであるということです。

漁師や釣人の世界では、「潮目を読む」とよく言われます。潮目とは、特に回遊性の魚が群がり、波立っている潮の筋のことです。この潮目が、まさに「戦略の窓」が開かれているOpportunityとなります。潮目は変わりやすいように、「戦略の窓」もすぐに閉ざされてしまいます。このOpportunityを認識できるか否かが成否を分けます。先に取り上げたMcMullen & Shepherdは、「第三者機会」や「当事者機会」としてOpportunityを認識できるか否かを強調しています。

エーベル教授は、市場変化をもたらす四つの要因として、①主な需要を担う新規セグメントの台頭、②競合する新技術の登場、③再定義される市場、④流通チャネルの変容、を挙げています。いずれも「戦略の窓」を開く可能性をもつもので、重要なOpportunityを察知するために意識しておく必要があります。

キットカットの事例では、チョコレート菓子市場の一部が「お守り市場」とでも呼ぶべき市場として再定義されました。ここに「戦略の窓」が開かれたと解釈できます。そして、巧みに「ストレス・リリース」という市場を再定義しながら資源投入を行い、大きな価値を創造することができたのです。

ブランド育成に必要な「第三の力」

ブランドを消費者とともに創り上げるという「ブランド価値共創」という考え方が、今日ではだいぶ普及してきました。しかし最近では、さらにもう少し広範囲で価値を創り上げるべきであるという「ブランド価値協創」という考え方が登場してきました（＊6）。これは特に、経営資源が限られるスタートアップや弱小ブランドには、とても必要な考え方です。なぜなら、偶然をも経営資源にできる可能性があるからです。

ブランド価値共創では、企業と消費者の二者関係が重視されます。しかし、ブランド価値協創では、企業と消費者と「第三の主体」という三者関係を基盤にしたネットワーク構造の重要性が強調されます。価値協創の「協」は協力や協奏曲の「協」です。価値は、みんなで創り上げるというOrchestration（編成）のイメージです。「第三の力」とは、企業と消費者以外の人、組織、モノ、コト、場による力です。ここでも、偶有性という考え方に相通じるものがあります。「たまたまある有名人に気に入られた」、「ひょんなことから記事に取り上げられた」、「ギリギリのところで権威ある団体に認められた」など、偶然的なOpportunityに開かれたことにより、大きな価値が創られていくという現実が示唆されます。この「第三の力」についても、次章で詳しく説明します。

木野社長のとった行動における偶有性のひとつを考えてみましょう。

心斎橋の日航ホテルにおける資金提供者との出会いという重要なOpportunityがありました。ただこれは、単なる偶然でしょうか。キャバクラ勤務時代に獲得したスカウトノウハウというAbilityを既にもちあわせていました。また、お金持ちのいそうな匂いを感じるAbilityがもともとあったとも思わせますが（笑）、お金持ちのいそうな場所を求めてAbilityが洗練化されていきます。東京の歌舞伎町から表参道、そして新幹線のグリーン車へ、さらに大阪のひっかけ橋（戎橋）や心斎橋の街中からカフェのある日航ホテルへと、訪れるべきOpportunityのゾーンが移動していき、徐々に焦点が絞られていきます。Abilityが洗練化されていくにつれて、1億円の資金調達という目的を達成する確率はぐっと上がっていったと考えられます。

こう考えますと、これは単なる偶然ではなく、起業へのMotivationを高く維持した状態で、もちうるAbilityをフル活用しながら、さらに目的を達成させるために更なるAbilityをアップデートしつつ、偶然的に訪れるであろうOpportunityを待ち受けていたとも解釈できます。「見えない経営資源」としての偶然がもたらす偶有性をたぐり寄せるという感覚です。何よりもまず、偶有性が生まれるOpportunityというものを理解し、そして、それを自らのものとしていくために、起業や事業へのMotivationを高く保ちながら、必要なAbilityを獲得していく行動姿勢が求められるのです。

その３　マーケティングへの理解

マーケティングの三つのステージ

マーケティングの教科書として世界的に有名なコトラー教授の『マーケティング・マネジメント』のミレニアムバージョン（＊７）では、木野社長がシンガポールまで講演を聴きに行ったリチャード・ブランソンのVirgin Atlantic航空やハーレー・ダビッドソンなど、創造性と情熱をもつ野心的な企業家を取り上げ、企業の発展プロセスに応じたマーケティングの三つのステージが識別されています。

第１ステージは、企業家マーケティング（entrepreneurial marketing）です。企業家は、圧倒的な熱量と時代を察知する才気を持ち、ごく限られた資源でビジネスを起ち上げます。当然、マーケティング予算などは十分でなく、機転の効いたアイデアと身体を張った地道な努力によるマーケティングが要求されます。

第２ステージは、定式化されたマーケティング（formulated marketing）で、いわゆる大手企業が実践する教科書的なマーケティングです。起ち上げた企業が順調に成長していくにつれ、マスマーケットに対応するべく、大規模な市場調査を行ない、マーケティング計画を綿密に立案し、実行していくという型通りのマーケティングが展開されます。

第3ステージは、社内企業家マーケティング（intrepreneurial marketing）です。

第2ステージが進むと、お決まりのように大企業病が社内に蔓延して、当初の創造性や情熱が企業文化や組織風土の中から消え失せてしまいます。大企業は、こうした精神的な病を解消するために、当初の企業家精神溢れるマーケティングへの回帰を求めて、さなざなな施策を打ち出していきます。


ここでコトラー教授が強調しているのは、マーケティングの形態には、一方でスタートアップがとる企業家精神溢れるものと、また一方では、大企業がとる型通りのものがあるという点です。ここから示唆されるのは、両者のよい点を組み合わせながら、自社にとってバランスの取れたマーケティングを展開することが重要であると認識することです。ですので、スタートアップでも、真逆の極にある型通りの教科書的なマーケティングを理解しておくことが必要です。以下では、簡単にマーケティングの概略を説明します。

価値の創造

マーケティングは、価値の創造に関する活動です。では、その価値はどのようにして生まれるのでしょうか。最もわかりやすいのは、移動によってです。海外の魅力的なモノを日本に移動するだけで、高い価値が生まれます。モノだけではなく、サービスやアイデアでも同様です。木野社長がマレーシアで体験してきた「格安携帯電話ビジネス」もそう言えるでしょう。

実はここから、マーケティングの発想が生まれます。マーケティングは、この移動に伴う価値創造に対価を求めます。それは、等価交換として、モノを提供してくれた相手に別のモノをお返しにすることでも、その価値に見合った金銭を支払うことでも構いません。

「Marketing as Exchange」（＊８）というミシガン大学のバゴッチ教授の論文タイトルが示すように、長い間マーケティングは「交換（exchange）」として定義されてきました。しかし、現在はこうした交換が埋め込まれる背景や文脈としての「関係性（relationship）」が、マーケティングの定義であると考えられています。

長期的に継続して、安定した交換が生み出されるよい関係性を創り出す活動こそ、マーケティングであると理解されています。一度きりの交換で創造される価値よりも、長期的な関係性に基づいて創造される価値の方が、はるかに大きいことに気づいたからです。これを裏づけるように、現在のマーケティング研究では、関係性に込められた精神性にある信頼や、関係にコミットするエンゲージメントといった概念が重要視されています。

ここでまた、木野社長の行動を検討してみましょう。

２０１３年から２０１４年にかけての格安携帯元年となる頃に、ヤフー・楽天・ＣＣＣなど、他の大手企業は流通戦略として通信販売というデジタルを駆使する手段をとりました。しかし、エックスモバイルは、木野社長の実家で営んでいた保険代理店をモデルにした代理店制度というリアルの手段をとりました。デジタルをリアルで実現する戦略です。事故にあったときの面倒な処理などを考えると、きめ細かなリアルな対応をしてくれるほうが、消費者にとってはより満足の高いものとなるはずです。携帯電話に関しても同様だと思われます。

ただし、価格とのバランスがあります。何年も、そして何台も使い慣れている消費者にとっては、きめ細かなリアル対応は、逆に面倒に感じるかも知れません。それに、高価格が要求されます。

しかし、はじめての携帯電話となる高齢の消費者の立場でしたらどうでしょうか。数年前、私の実家にインターネット回線を導入した際に、80歳を超える父親は、「うちにも、いよいよ黒船がやってきたか」とつぶやいていました。高齢の消費者にとっては、初めて経験する携帯電話やインターネットという存在は、このくらい脅威を感じる対象のようです。そこでは、対面での接客、それに懇切丁寧な対応は、かなりの威力を発揮することでしょう。この点は、マーケティング戦略と市場との適合性という話になりますので、この後でまた説明します。

マーケティングの道具立て

マーケティング活動を行なう上で、よく知られる道具立てとして「４Ｐ」という考え方があります。Product（製品・サービス）、Price（価格づけ）、Promotion（販売促進）、Place（流通チャネル）の頭文字四つです。

これらを価値創造という側面から捉えると、次のようになります（＊９）。

まず、「Product」は「価値形成手段」です。モノとしての製品をつくる活動や、形を伴わないサービスを考案して消費者に認識させる活動です。モノとしての携帯電話やサービスとしての通信事業などは、このProductという価値形成の手段となります。

次にPriceは、そのProductが市場において、どの程度の価値をもつかを示す「価値表示手段」です。Productについて消費者が感じる「知覚価値」（perceived value）を判断する重要な指標になります。消費者はProductに対して、実際に支払う価格と、それから得られる便益（benefit）を勘案して知覚価値を感じます。いわゆるコスパです。

同じモノやサービスならば、支払う価格が安くなれば、知覚価値は高くなります。また逆に、支払う価格が同じならば、得られる便益が多くなれば、知覚価値は高くなります。価値創造のひとつは、ProductとPriceのバランスによって決まるという大前提を再認識しておくべきです。そして、意外にも忘れられがちなのは、そのバランスは、「消費者の知覚を通じて」ということです。

Promotionは、「価値伝達手段」です。近年では、販売促進という狭い意味ではなく、広い意味でマーケティングコミュニケーションとして理解されています。Productの魅力を伝える広告活動、社会課題への取り組みに関する広報活動、ＳＮＳでの発信活動などは、このPromotionに含まれます。

現在、ブランドを主軸においたブランドマーケティングが一般に展開されていますが、その中心は、Promotionであるコミュニケーション活動にあります。ブランドを認知させ、そして連想構造としてのブランドの世界観を共有してもらい、生活の中でどのような意味をもつかをしっかりと伝達することが、重要なマーケティング活動になっています。

Place は、「価値実現手段」です。製品やサービスを消費者の手元に届ける流通チャネルの設計や店舗づくりなどです。精魂込めてつくった Product の価値を最大に発揮するには、自ら最終消費者に届けたほうがよいのか、販売業者に任せたほうがよいのか。きわめて難しい判断が要求されます。委託した販売先が、乱売などを行なう危険性もあります。逆に、ステータスをもつ販売先や丁寧な接客をする販売先であれば、プラスαの価値を付与してくれる可能性があります。

マーケティング戦略

マーケティングでは、これら４Ｐを最適に組み合わせたマーケティング戦略を構築します。最高の価値を創造するには、これら四つのＰをどのように組み合わせるべきか、対象とする市場セグメント（部分市場）とどのように整合性をはかるべきか。前者は、４Ｐ間の連動性の問題です。後者は、市場との適合性の問題です。

たとえば、最高の価値を創造するために、Productを最高品質のモノとして提供するならば、それに見合った高価格をPriceとして表示する必要があります。Promotionでは、最高品質を演じるべく、洗練されたコミュニケーションが要求されます。Placeでは、高級百貨店でのみ取り扱われるといった限定的なチャネル政策が必要になります。こうした４Ｐ間の連動性を考慮することによって、最高の価値を創造することが可能になります。

また、こうした最高の価値となる高品質・高価格を受け入れることができる市場セグメントであるかが問われます。すなわち、マーケティング戦略と市場との適合性の問題です。エックスモバイルは流通チャネルにおいて、代理店制度を主軸にしたマーケティング戦略をとりました。この戦略は、エックスモバイルの主要な市場セグメントである高齢消費者との適合性がとてもよいと考えられます。黒船襲来のごとく迫りくる不安感を取り除く、リアルな接客サービスが店頭で提供されるなら、多少の高価格でもよしとする高齢消費者の笑顔が想像できます。ましてやそこでは、お気に入りの氷川きよしさんも微笑んでいるわけですから。

市場の支配

マーケティングは、何らかの形で市場を支配していくと考えると理解しやすくなります。オセロゲームで、盤上の石を白から黒に塗り替えていくイメージです。

その様子を示すように、一般にはマーケットシェア（市場占有率）という指標が用いられます。ある製品市場における特定の製品やサービスが占める割合です。これは、どれだけ購入されているかを示す消費者の行動データに基づくものです。

これに対して、マインドシェアという消費者のマインドデータに基づく指標もあります。「携帯電話といえば」や「モバイル Wi-Fi といったら」など、ある製品市場や特定市場における消費者の頭の中に占める製品やサービスの割合です。いずれにしても、自社の製品やサービスを市場で価値あるものとして認識させ、市場を支配していくことが重要な目的になります。

マーケティングでは市場支配のために、ブランド化と流通組織化という大きく二つの方法が考えられています（＊10）。次ページの図８―３は、市場支配を展開していくときのブランド化と流通組織化を示しています。両者は、支配すべき対象となる消費者へのアプローチの仕方が基本的に異なります。

わかりやすいように、この図の企業を製造業者とします。ブランド化では、製造業者である企業自らが直接的に消費者にアプローチしていきます。しかし、流通組織化では、消費者までの間に存在する卸売業者や小売業者などの流通業者を介して、間接的に消費者にアプローチしていきます。こうした消費者へのアプローチ方法の違いが、基本的にマーケティング戦略を異なるものとさせます。

ブランド化

ブランド化とは、市場において自社の製品やサービスを他のライバルブランドよりも、価値のある魅力的なものとして消費者に認識させ、ニーズを喚起し、購買を誘発する活動です。

直接的に消費者にはたらきかけをして、ブランドを認知させ、適切なブランドの連想構造を理解

図8-3　市場の支配

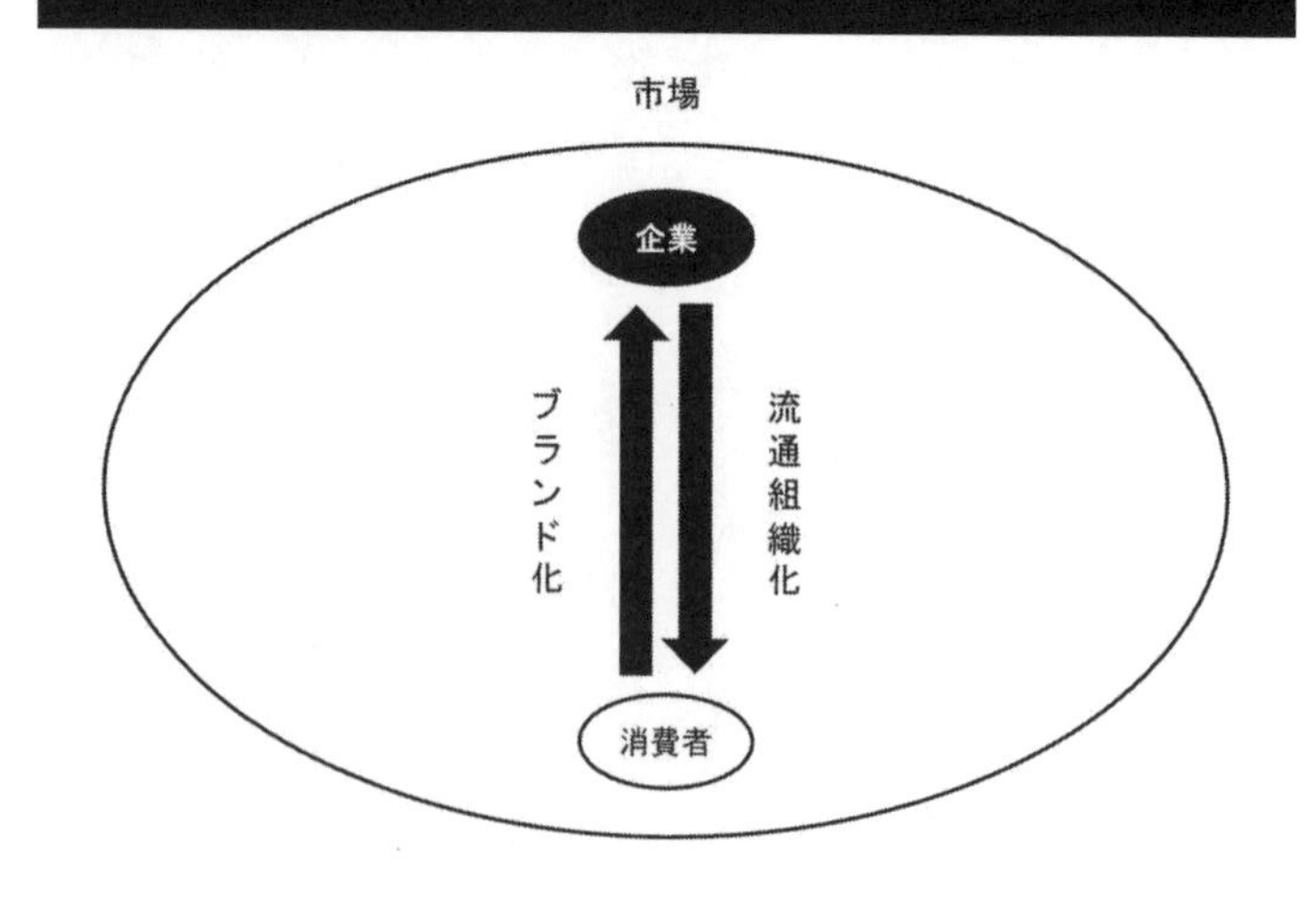

させ、ブランドへの好意度や購買意向を形成させて、ブランドの購買を実現させるようにします。直接的に消費者にはたらきかけて、「消費者ニーズを引き出す」、「消費者を手繰り寄せる」という意味から「プル型戦略」と呼ばれます。

ここでは、４Ｐの中でもPromotionであるコミュニケーション活動がきわめて重要となります。直接的に消費者のマインドの中に飛び込み、ブランドの認知や理解を確立させ、好意度や購買意向を形成させ、購買を実現させなくてはならないからです。広告や宣伝などの活動は、よく「飛び道具」と呼ばれます。空中を飛んでいく道具という意味です。テレビやラジオなどのマス媒体やモバイル端末に、オンエアで空中を飛んでいく道具という意味です。ですので、「直接的に消費者のマインドの中に飛び込んでいく手段」としてコミュニケーション活動を位置づけ、そのマインドのなかに「直接的にブランドを植えつける」という認識をもつ必要があります。

流通組織化

ブランド化に対して、間接的に消費者にアプローチしていく方法が流通組織化です。経営組織論の分野には、「中間組織」という考え方があります。これは、組織と市場を両極に想定して、それら両極の中間に存在する組織という意味です。たとえば、製造業者の立場で市場全体を捉えてみると、一方の極には、完全に組織化された自社の状態が想定できます。そこでは、流通の各段階を統合化するように、製造業者自らが販売会社と小売店舗を設立して、消費者に直接的に販売をしていく姿が想像できます。これとは逆の極には、完全に市場化された状態が想定できます。そこでは、完全に自由な市場取引に任せて、ある卸売業者に仲介してもらい、ある小売業者に販売を委託して、消費者に間接的に販売をしていく様子が浮かびます。

完全に組織化された状態では、販売会社や小売店舗を設立し運営するために、莫大なコストがかかります。その代わりに、管理や統制が効き、組織が一丸となって販売を推奨していくことができます。逆に、完全に市場化された状態では、コストはそれほどかかりませんが、個々の流通業者の管理や統制が十分にとれないために、それほど熱心には販売が推奨されません。

マーケティングでは、Place の議論で「統合か市場取引か」が検討されます。優れた卸売機能や小売機能をもつ他の企業を自社の内部に統合するのか、それとも自由な市場取引に委ねるのか。これは、なかなかの難問です。そこで、完全な組織化を目指すべく統合化を図りながら、ある程度は市場取引に任せるという中間組織としての流通組織化がアイデアとして重要になります。

図８―４は、市場の流通組織化についての様相を示しています。ここでは、企業が中間組織を統合していく度合いをグラデーションで示しています。つまり、市場が完全に組織化される統合の度合いには、温度差があるということです。企業のマーケティングを熱量で示すならば、純粋な市場取引では温度が低く、完全に統合化された組織では温度が高いというイメージになります。

この図ではまた、市場の中で徐々に流通を組織化することによって、エンドユーザーである消費者を支配していくという姿も示しています。消費者の代弁者である小売業者を囲い込む、小売業者の代弁者である卸売業者を囲い込むという間接的な方法で、徐々に消費者を囲い込んでいく方法です。

ブランド化が直接的に消費者にアプローチするのに対して、流通組織化が間接的に消費者にアプロー

図8-4　市場の流通組織化

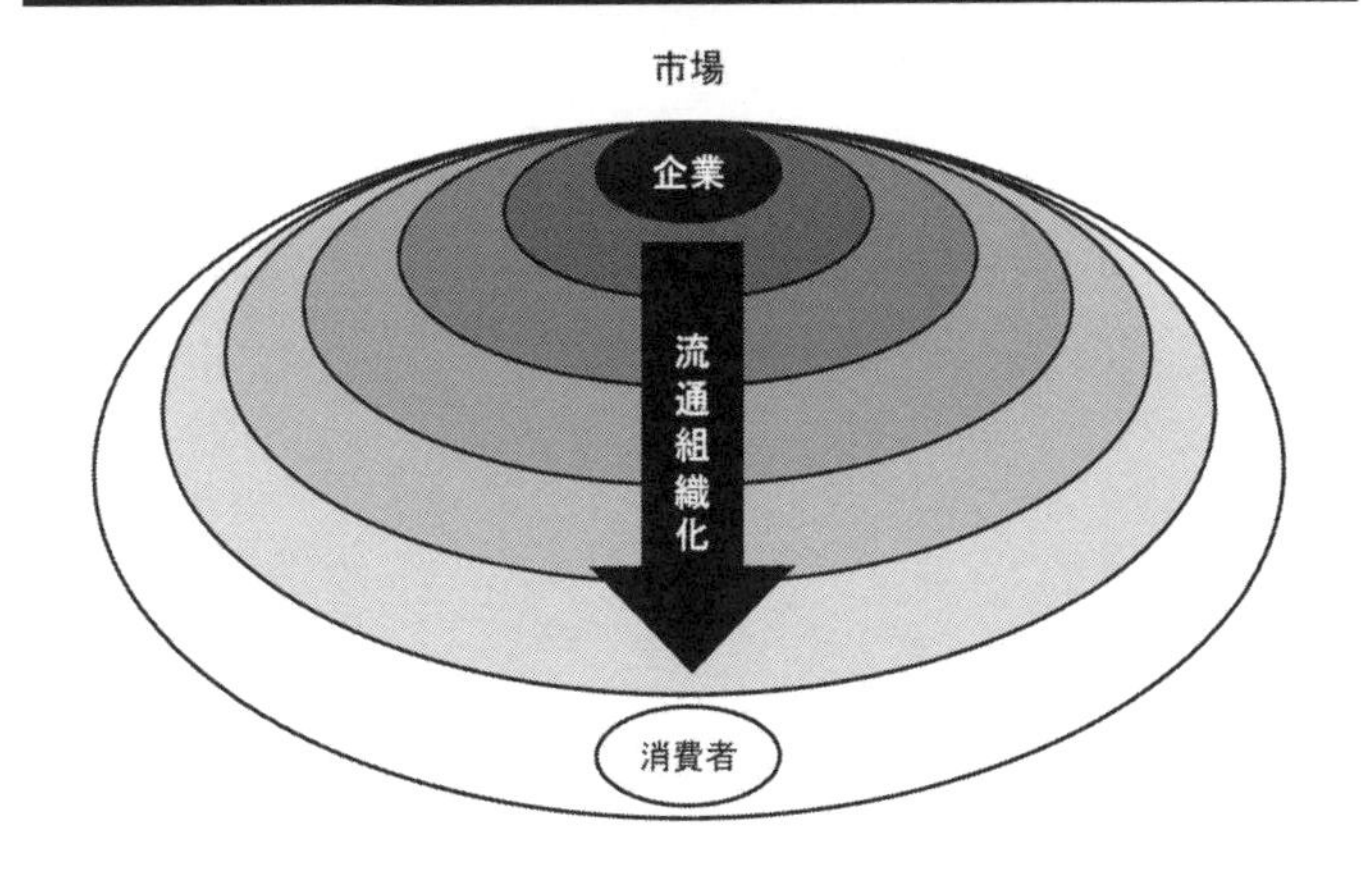

チすると述べたのは、この構図から想像できると思われます。消費者が小売店頭で特定ブランドの指名購買をしようとしても、結束の固い流通組織化がなされている店頭では、他のブランドへの強力な推奨が可能になります。また、提供するブランドの世界観を大切にする販売行動も可能となります。

市場を支配する方法であるブランド化と流通組織化は、実際にはPromotionとPlaceの適切な組み合わせとして実施すべきものであり、また市場の状態や競合他社の動向を踏まえて検討する必要があります。

木野社長はエックスモバイルの市場支配を進めていくうえで、ブランド化と流通組織化を絶妙なバランスで組み合わせて展開してきたと考えられます。主要な市場セグメントである高齢消費者に適合する販売代理店制度を利用することにより、リアル世界での流通組織化を実践してきました。今の時代では、少々古臭い流通チャネルのように思われるかもしれませんが、市場との適合性が大事なのです。これに対応するブランド化では、当初からブランドのロゴや色使いに気を遣い、ブランド認知の確立に努めました。また、ターゲットとする市場との適合性の高いキャラクターとして氷川きよしさんを迎え、ブランド認知を確立させながら、「限界突破」

というブランドの世界観を演出するようにブランド連想づくりを推し進めました。現在も木野社長は毎日、代理店向けに動画配信を行なっています。これは、ある意味の「飛び道具」です。

直接的に消費者に向けてはいませんが、消費者の代弁者として全国の代理店を捉えるならば、間接的なブランド化を狙っているとも理解できます。スタートアップでは、経営者自らがブランドになることが必要であるといわれます。配信される動画のなかで熱く語る木野社長自身が、エックスモバイルのアイコンにもなっていると考えられます。このように、スタートアップにも、ブランドマーケティングが求められる時代になってきました。

〔参考文献〕

（＊１）“Entrepreneurial Action and the Role of Uncertainty in the Theory of Entrepreneur,” Jeffery S. McMullen and Dean A. Shepherd, Academy of Management Review, Vol.31, No.1, pp.132-152, 2006.
（＊２）『起業プロセスと不確実性のマネジメント：首都圏とシリコンバレーのｗｅｂビジネスの成長要因』、田路則子、白桃書房、２０２０年

（＊3）『社会学史』、大澤真幸、講談社、２０１９年

（＊4）『ビジネス・インサイト：創造の知とは何か』、石井淳蔵、岩波書店、２００９年

（＊5）"Strategic Windows," Derek F. Abell, Journal of Marketing, Vol.43, No.3 (July), pp.21-26, 1978.

（＊6）『ブランド・インキュベーション戦略：第三の力を活かしたブランド価値協創』、和田充夫・梅田悦史・圓丸哲麻・鈴木和宏・西原彰宏、有斐閣、２０２０年

（＊7）Marketing Management: The Millennium Edition, Philip Kotler, Prentice Hall, 2000.

（＊8）"Marketing as Exchange," Richard P. Bagozzi, Journal of Marketing, Vol.39, No.4 (October), pp.32-39, 1975.

（＊9）『現代マーケティング』、嶋口充輝・石井淳蔵、有斐閣、１９８７年

（＊10）『マーケティングの知識』、田村正紀、日本経済新聞社、１９９８年

第9章 スタートアップのブランドマーケティング

その１　ブランド価値経営への理解

無形のイメージ資産

法政大学ビジネススクールのイノベーション・マネジメント研究科の小川孔輔教授は、『ブランド戦略の実際〈第２版〉』（＊１）のなかで、中小企業のブランド価値経営を語っています。ここでは、中小企業をスタートアップと置き換えて理解してみます。

小川教授は、「企業規模が大きかろうが小さかろうが、ブランド経営の基本は同じです。ブランドが価値をもっているのは、ブランドそのものが、長い時間をかけて企業のマーケティング活動とコミュニケーションの努力によって形づくられてきた「無形のイメージ資産」だからです。企業固有のイメージ資産は、基本的には他社が真似ることができない「Only One」の存在なのです」と論じています。

ここからは、①企業規模の大小に関わらず「ブランド経営」というものがあり、②「無形のイメージ資産」として唯一無二のブランド価値を創造することが必要であり、③それには、時間をかけたマーケティング活動、特にコミュニケーション努力が重要であると示唆されます。

前章で、マーケティングは価値の創造に関する活動であると説明しました。マーケティングの大きな目的のひとつは、ブランドの価値を創造することです。しかし、それが難しいのは、「無形のイメージ資産」だからです。形のないものを対象とすることに、我々はあまり慣れていないからです。

実は学問の世界でも、しばらくの間、ブランドはまともな研究対象として扱われていませんでした。今から約30年前、私がまだ大学院生だった頃の話ですが、学会で「ブランド」などというと、会場からクスクスと笑い声が起きたものでした。ある偉い先生は、「ブランドなんてゴミみたいなものだ」とさえ言っていました。

当時の学会でのブランドの扱いは、単なる「ネーミング」というもので、製品やサービスの売上を伸ばす手段として、キャッチーで魅力的な名前といった程度の扱いでした。ですので、「まともな研究対象ではない」という認識が一般的でした。おそらく、１９８０年代のバブル景気の影響もあり、ファッションブランドやＤＣブランドなどが強く想起され、「軽薄な対象としてのブランド」が強く意味されていたからかもしれません。

ところが、１９９０年代に入り、カリフォルニア大学のデービッド・アーカー教授の『ブランド・エクイティ戦略』（＊２）が日本でも普及し始めると事態は一変しました。エクイティ（equity）という「資産としてのブランド」を捉える必要があるということに気づいたからです。

当時の欧米では、ブランドの切り売りが日常茶飯事でした。「落ち目になったブランドは売り飛ばす」という感覚です。特に欧米では、ブランドマネージャーの成果が短期間で問われるために、ブランドをじっくりと時間をかけて育てるという考え方が薄いようです。こうした実務的な要請もあり、ブランドを資産として捉える必要性が出てきました。

ではいったい、いくらで売ったらよいのでしょうか。ある試算では、ポロシャツで有名なポロラルフローレンのポロのマークひとつが、約20ドルとされます。多くのコンサルティング会社や調査会社が、懸命にブランド資産を測定する評価方法を開発しました。しかし、なかなか難しい問題です。通常の企業資産とは違い、ブランドはその実態をとらえにくいからです。ブランドはよく、市場蓄積型資産などと呼ばれます。では、その市場とは、いったいどこにあるのでしょうか。これまた、なかなか難しい問題です。

ひとつの考え方は、その市場は、消費者の頭の中にあるというものです。ダートマス大学教員時代のケビン・レーン・ケラー教授は、『戦略的ブランド・マネジメント』（＊3）のなかで「顧客ベースのブランド・エクイティ」を唱えました。ここでいう顧客ベースとは、消費者の知識構造をベースにするということです。要するに、消費者の記憶痕跡に強く残るブランドは、大きな資産価値をもつという考え方です。無形のイメージ資産は、消費者の知識構造のなかに埋め込まれているのです。

ブランド認知

ケラー教授は、図9―1に示されるように、ブランド知識を詳細に類型化しました。ブランド知識は、大きくはブランド認知とブランドイメージに分かれ

図9-1 ブランド知識の類型

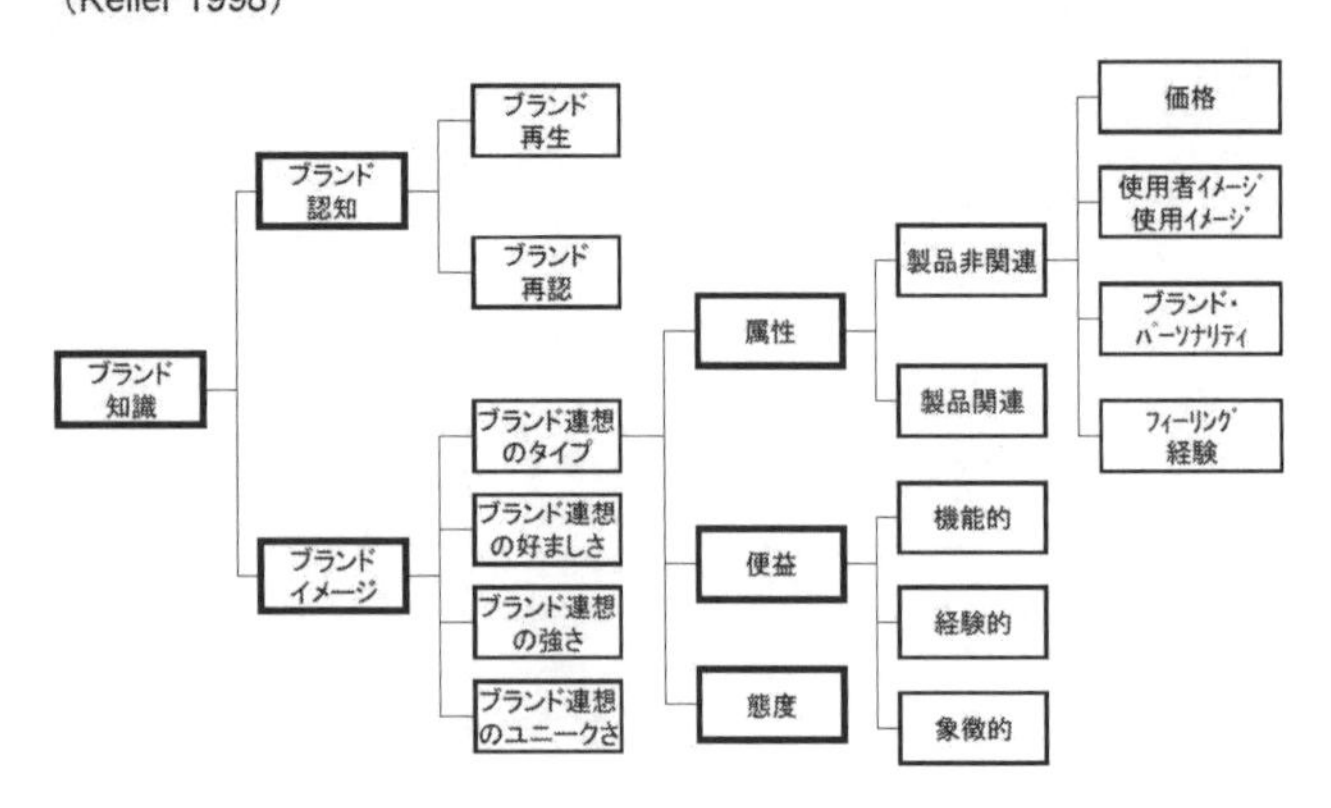

ます。ブランド認知は、どのくらいブランドのことを知っているかという量的なとらえ方で、さらにブランド再生とブランド再認に分かれます。

ブランド再生とは、以前学習したブランドを思い出して正確に再現することです。たとえば、「炭酸飲料といったら？」と問われて、「コカ・コーラ」と答えたとします。この場合、記憶のなかに「コカ・コーラ」というブランド認知が確立していると考えられます。ブランド再認とは、以前学習したブランドを指摘することです。たとえば、自販機の前で「コカ・コーラ」を指差して、「このブランドを知っていますか？」と問われて、「知っていますよ」と答えたとします。この場合も同様に、ブランド認知が確立していると考えられます。

では、ブランド再生とブランド再認では、どちらがより強く記憶痕跡に残っているでしょうか。そうです、ブランド再生です。ブランド再認の課題では、指摘すべき「コカ・コーラ」という対象は、目の前の自販機に示されています。しかし、ブランド再生の課題では、「コカ・コーラ」という対象は目の前にはありません。ですので、記憶痕跡にブランド認知がしっかりと確立していないと答えられません。したがって、ブランド再生のほうが、より強く記憶に刻まれていると考えられるのです。

ではさらに、ブランドを再生されやすくするには、どうしたらよいでしょうか。実は、ここでもOpportunityの考え方が重要となります。なぜならば、Opportunityとなる使用機会が増えるほど、ブランド認知が強化されるからです。ですので、さまざまな使用機会を創り出すことが必要なのです。

コカ・コーラは以前、「Thirst knows no season」というキャンペーンを打ち出し、冬のスキー場のシーンを強く印象づけるコミュニケーションを展開しました。コカ・コーラは当然、夏場はよく売れます。しかし、寒い季節になるとどうでしょうか。一年を通じて飲んでもらうためには、使用機会の開拓が必要になります。

最近では、スキー場以外でも、「クリスマスはカラフルリボンで華やかに」と、クリスマスパーティを彩るリボンボトルなども登場しました。コカ・コーラのブランド認知の強さは、多様なOpportunityから創り出されているのです。また、ある特定のOpportunityに特化することで、強力なブランド認知を獲得できることもあります。アサヒ飲料のWANDAはモーニングショットで「朝限定」とフォーカスして、とても大きなブランド価値を創造しました。

ブランド再生とブランド再認がブランド知識の量的な「深さ」だとすると、多様なOpportunityや特定のOpportunityと結びつけることは、ブランド知識の量的な「幅」ということになります。このようなブランド知識の「深さ」と「幅」を考慮しながら、絶対的なブランド認知の確立を目指す必要があります。あるＡＶ機器のコミュニケーション担当者は、「ブランド認知がなければ、そのブランドは存在しないことと一緒です」と語ってくれました。まったくその通りだと思います。記憶痕跡にないわけですから。ブランドの価値創造の基盤になるのが、ブランド認知です。このブランド認知という価値の土台の上に、ブランドイメージが積み上げられていくのです。

木野社長が当初からロゴの作成に力を入れていたことは大正解でした。ブランドはロゴなどのブランド要素を通じて、直接的に消費者と接点をもち、ここからブランド認知が創られていくからです。この点は、また後で詳しく説明します。

ブランドイメージ

ブランドイメージは、一般にブランド連想と呼ばれます。ブランドについて「何を知っているか」、「どのように知っているか」という質的なとらえ方です。これは、ブランドと頭の中にある他の認知要素が、どのように結びついているかということです。２３０ページの図９―１では、「ブランド連想のタイプ」として、「属性」「便益」「態度」が結びついていることが示されています。これら三つの認知要素は、マーケティングの文脈ではよく使われます。それぞれ、抽象性の度合いが少し異なります。属性よりも便益、便益よりも態度のほうが抽象的です。

たとえば、「コカ・コーラにはカフェインが入っている」は「ブランドと属性」、「コカ・コーラは目をシャキッとさせる」は「ブランドと便益」、「コカ・コーラが大好き」は「ブランドと態度」という連想を示しています。

属性は、具体的な認知要素であり、図では製品関連属性と製品非関連属性に分かれます。前者は、直接的に製品を構成する成分やパーツのことです。ブランドでは、直接的に製品を構成する製品関連属性よりも、むしろ製品非関連属性が重要になることが多いと考えられています。「価格」は価値表示手段として、マーケターがいかようにも設定できます。どのように値づけしようと、Product としての成分やパーツなどの中身は一切変わりません。

あるブランドは、突如としてかなり高価格の値づけを実行して、高級ブランドの仲間入りを果たしました。「使用者イメージ／使用イメージ」は、Opportunity に関わる重要な属性です。「誰」が使うか、「どこ」で使われるかといった人や場所が、ブランド連想を創り上げます。

前章で述べた「第三の力」をうまく利用することによって、想定外のブランド価値が創造できます。「ブランドパーソナリティ」とは、ブランドのお人柄といったものです。「とてもクールなやつ」、「いつも一緒にいるお友だち」といったお人柄が、ブランドから連想されることがあります。「フィーリング／経験」は、情緒的な感覚や楽しい思い出などです。ブランドには、経験をパッケージ化するという働きがあります。たとえば、「家族での楽しい思い出」を、ディズニーというブランドがパッケージ化しているのです。

便益とは、属性から導かれる抽象的な認知要素です。「カフェイン」という属性からは「目をシャキっとさせる」といった機能的便益を感じます。「排気量３０００cc」という属性からは「運転上のゆとり」を経験的便益として感じます。「ハリウッドセレブご愛用」という属性からは象徴的便益（symbolic benefit）を感じます。

態度とは、属性や便益をすべて含み込んだ包括的な評価のことで、プラスとマイナスの方向性をもちます。ブランドに対する「いいね」や「めっちゃお気に入り」といった表現は、プラスの方向性にある態度を言語化したものです。当然、その逆のマイナスの方向性も考えられます。

ケラー教授は、ブランドであるならば、「強く、好ましく、ユニークであれ」と繰り返し強調します。これらは、図に示されるブランド連想の「好ましさ」、「強さ」、「ユニークさ」に該当します。「好ましさ」は、ブランド連想に対する態度のことです。好き嫌いは消費者個人によって異なりますので、消費者個人のもつ価値構造を把握しなくてはなりません。

また、「強さ」は、ブランド連想に対する記憶痕跡の強さのことです。記憶に強く残っているか否かは、消費者個人の知識構造に依存しますので、その知識構造を理解しなくてはなりません。さらに、「ユニークさ」は、ブランド連想の独自性のことです。独自性があるか否かは、他の競合ブランドとの相対的関係によりますので、ブランド間の競争構造をとらえなくてはなりません。したがって、ブランドイメージを正確にとらえるには、これら三つの構造分析をする必要があります。

スタートアップがひとつのブランドとして成長していくためには、ブランド認知を基盤として、そこにさまざまなブランド連想が結びつけられていくことを理解する必要があります。それらの連想内容によって、創り上げられるブランドの価値資産が異なってきます。「あまり好きではありません」といったマイナスの態度の方向に創られていくブランド連想は、いわば負の資産というものです。そうした可能性のあるブランド連想はいち早く切り離す作業が求められます。

エックスモバイルは、木野社長の強い思い入れを込めた魅力的なロゴと、鈴木さんとの偶然の出会いにあったプリングルの緑色に由来するシンボルカラーによって、ブランド認知を確立したと思います。また背後からは、事業内容を想像させるSIMカード名刺も大きく支援していたと思います。

そして、「エックスモバイル＝格安携帯」というブランド連想の次に、「エックスモバイル＝限界突破Wi-Fi＝氷川きよし」というブランド連想を確立させました。ここには、木野社長自らが陣頭指揮を執るテレビCMによって強烈な印象づけをめざし、主要セグメントのもつ「氷川きよし＝大好き」というプラスの態度をうまく利用し、「エックスモバイル＝限界突破Wi-Fi」という独自性を打ち出すように、ブランド連想の構造を創りあげていったと考えられます。

ケラー教授の主張する「強く、好ましく、ユニークであれ」を目指すべく、ブランド連想づくりが実践されていました。

その2　スタートアップのブランディング

ブランドという資産の構成要素

小川教授によると、ブランドを「無形のイメージ資産」としてとらえた場合、ブランド資産を構成する要素は、「① 知名度が高いこと、② 知覚品質が優れていること、③ ブランド連想イメージがよいこと、④ ブランド・ロイヤルな顧客をたくさん抱えていること、⑤ 商標登録などの法的要素によって制度的に事業が守られていること」の五つとなります。そして、スタートアップにとっては、「ともかく、① 知名度をあげることと、⑤ 法制度によって追従・模倣から守ることが決定的に重要である」と述べています。さらに、スタートアップのブランド管理について、三つのポイントを指摘しています。

ポイント①は、「ブランド開発のスピード」です。新商品の市場投入のタイミングを大切にすべきで、品質にこだわると、そのタイミングを逃してしまう危険性があると指摘しています。スタートアップは人とお金が限られるため、柔軟性と決断の速さが要求されるというわけです。Strategic Window は、すぐに閉じてしまうからです。

ポイント②は、「コミュニケーションの重要性」です。ブランドは大部分、コミュニケーション活動によって創られると考えてよいと思います。まずは、企業名としてのブランド認知を確立しなければ、存在しないのと一緒になります。

さらに小川教授は、「ブランドの認知度を上げるためには、技術・ノウハウに独自性があること以上に、ブランドを視覚化することが大切です。ビジュアル的なブランディングの方法としては、製品のデザイン、ロゴマーク、色づかい、店舗レイアウトなど、ブランド要素と呼ばれる視覚的要素を有効に活用するように」と述べています。エックスモバイルはしっかりと視覚化を図っていました。

ブランド要素とは、「ブランド名、ロゴ、シンボル、キャラクター、パッケージ、スローガン等の言語的あるいは視覚的な情報コード」（＊4）のことです。こうしたブランド要素との接点を通じて、消費者はブランドを認知します。また、スタートアップは、「経営者自らが積極的に〝ブランド〟になる覚悟も必要です」とも述べています。経営者自らが、ブランドのアンバサダー（親善大使）の役割をはたすことも要求されます。木野社長は、積極的にＳＩＭカード名刺を配り、アンバサダーを演じています。

ポイント③は、「不断の品質改善と従業員のモチベーション管理」です。市場ニーズを逐次吸収できるような事業経営のシステムをつくりながら、品質改善を絶え間なく行なっていくことが重要です。また、起業時の高い熱量を保っておくために、数少ない従業員に伝播されたMotivationをしっかりと管理していく作業が要求されます。木野社長は、代理店に向けて毎日、動画配信を行なっています。

エックスモバイルのブランディング

エックスモバイルというブランド認知は、積極的なコミュニケーション活動を通じて確立されたと考えられます。これまでの展開からは、①ロゴへの投資、②ＳＩＭカード名刺、③テレビＣＭ制作、④代理店への配信動画を挙げることができます。

木野社長は、特に消費者との直接的な接点となるブランド要素のロゴを大切にしてきました。最初に出資してもらった１００万円すべてをロゴのデザイン作成に費やしました。通常では考えられない無謀な資金の使い方かと思われます。

しかし、このことをブランド価値を創造していくための第一歩として位置づけるならば、ブランド認知を獲得するための投資という視点からは十分に評価できるものといえます。苦しい資金繰りのなかにあって、背水の陣をとった覚悟がうかがい知れます。

また、ＳＩＭカードを使った名刺も、ブランド認知の獲得には十分な効果があったと考えられます。さらにはＳＩＭカードを媒介にして、「エックスモバイル＝ＳＩＭカード＝格安携帯」というブランド連想の構造をアピールすることによって、市場におけるエックスモバイルの立ち位置を明確にしていくことに成功したと考えられます。小川教授が述べているように、「ブランドを視覚化することが大切」なので、このＳＩＭカード名刺は、事業内容を説明するのに十分な効果を発揮したと考えられます。

さらに、次のステージに向けたテレビＣＭ制作です。木野社長自身も「ちょっとしびれる金額」と感じるほどの思い切った投資でした。ハズキルーペの松村社長に倣い、自ら制作に挑みました。

おもしろいのは、イメージキャラクターに氷川きよしさんがなる背景に見い出される偶有性です。「スゴい電話」という振り込め詐欺撲滅商品が、「がっちりマンデー」やテレビ・雑誌などの媒体で頻繁に取り上げられました。ここに、ひとつの偶有性が見い出されます。この偶有性を梃子(てこ)に、社会課題への認識が一層強化されたと考えられるからです。そして、この社会課題解決に向けた取り組みに、氷川きよしさんと事務所サイドは共感してくれました。

コミュニケーション活動は、代理店という中間組織の内部に向けても行なわれています。毎日、1000kmもの移動を続ける木野社長は、全国の代理店に向けて、自らマイクをもち歩き動画配信を行なっています。

スタートアップでは、経営者自身がブランドになることが必要であると述べました。配信される動画の中で、ビジュアル化される木野社長自身が、エックスモバイルのアイコンのようになっています。これは中間組織として代理店をとらえるならば、そこで働く販売員などへの強いモチベーション管理となります。木野社長自らが熱く語る姿からは、たとえ中間組織であっても、その隅々にまで強いMotivationが伝わり、それが維持されることにつながると考えられます。

その3　ブランド・インキュベーション戦略

スタートアップは、自らの企業をブランドとして自覚して、そのブランドを生き物として大事に育てるという認識が必要です（＊5）。この考え方は、私もメンバーのひとりである研究会が発信した「ブランド・インキュベーション戦略」というものです。Incubation とは孵化（ふか）という意味です。卵から可愛いヒナがかえり、立派な成鳥になるまで育てあげるように、ブランドも価値を創造するべく孵化させ、その後も大事に育てながら、さらなる価値強化を図っていくというプロセスを強調した戦略です。

この戦略は、企業ブランドではなく製品ブランドを念頭において考案されたのですが、起業から始まるスタートアップのブランドは、製品ブランドと相通じるところが多々あるので、十分に適用可能であると考えられます。

従来の製品戦略や製品開発論と異なるのは、これらの議論では Product の仕様や品質が重視されますが、ブランド・インキュベーション戦略では、ブランド孵化におけるブランドの世界観やブランド要素が重要視され、ブランド・コンセプトの構想と開発に力点がおかれます。また、製品戦略や製品開発の議論では、市場に導入するまでが対象となりますが、ブランド・インキュベーション戦略では、市場に導入した後に展開される「ブランドをめぐる関係性」が対象となる点が大きく異なります。

価値共創から価値協創へ

図9—2は、ブランド・インキュベーションの構図を示しています。図では、三つの主体とそれらの相互作用による三つの大きな力が示されています。スタートアップをこの図にあてはめると、供給主体の位置となります。

現在よく使われている「ブランド価値共創」という概念は、供給主体と消費主体で共にブランド価値を創り出すという発想で、供給主体と消費主体の二者関係が前提となります。しかし、数多くの成功しているブランドを調べていくうちに、この概念では説明ができないことが多々出てきました。それらをひとことで言いますと、前章で述べたOpportunityに開かれた偶有性です。そこには、たまたま偶然、あるOpportunityで何かと何かが出会い、結ばれ、そこから新しい命としてのブランドが孵化するという姿がありました。そして孵化後も、あるOpportunityを踏み台にして、さらに成長していくというブランドの姿がありました。

こうしたOpportunityを正面からとらえると、二者関係を前提にした世界はとても窮屈です。そこで、二者以外の「第三の主体」を想定する必要性が出てきました。なぜならば、あるOpportunityをきっかけに影響する「第三の力」の大きさに気づいたからです。

「第三の主体」とは、第三者となる人の場合もあれば、第三のモノ・コト・場となることもあります。こうした「第三の主体」がもたらす影響力が「第三の力」です。「第三の主体」を取り込むと、二者関係から三者関係へと関係性が拡張します。実際には、それぞれの主体が複数想定されるために、もっと大きなネットワーク構造という関係性となります。

したがって、二者間の共創関係というよりも複数者間のネットワーク関係に着目して、そこから

図9-2　ブランド・インキュベーションの構図

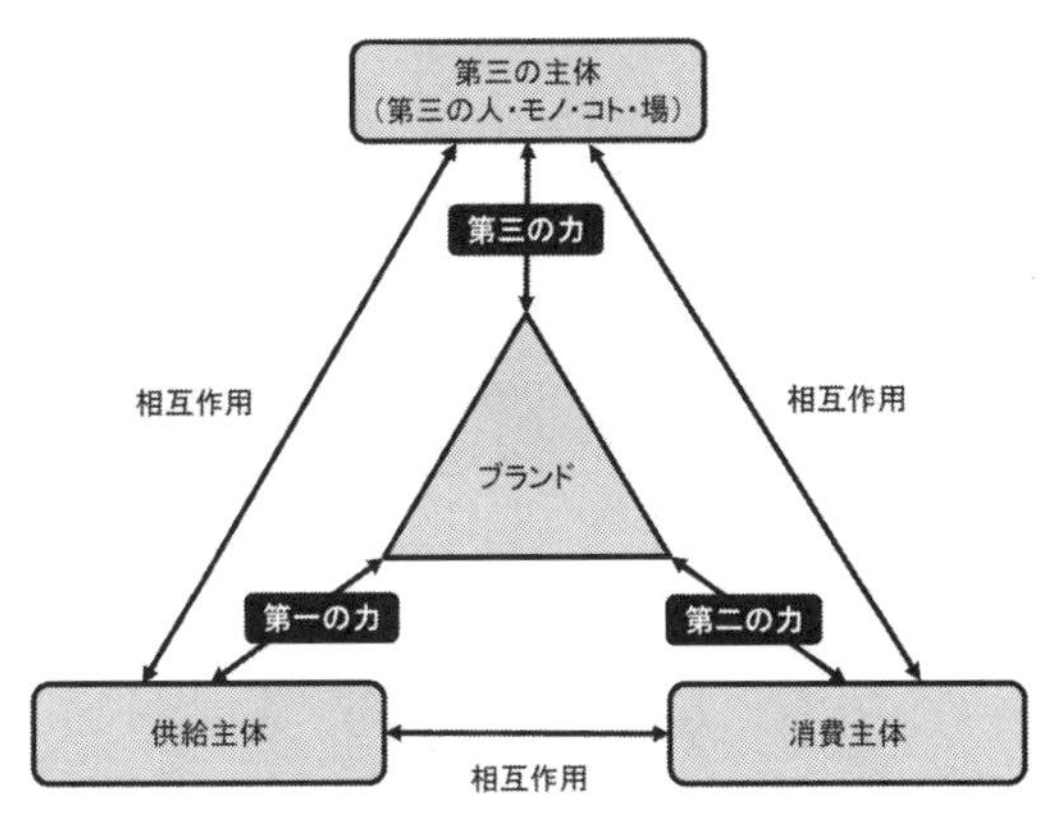

（和田他（2020）より修正して引用）

創り出される価値である協創価値という概念が生み出されました。

ブランド・インキュベーション・プロセス

図9―3は、ブランド・インキュベーション・プロセスを示しています。可愛いヒナを育てあげる感覚で、孵化期間・育成期間・支援期間というプロセスでとらえます。このプロセスを通じて、①受精化期、②孵化期、③成体化期、④普遍化期、⑤普遍期というステージが展開されます。これらのステージの合間や途中に、受精、市場導入、孵化（ブランド化）、成体化、普遍化（ブランデッド化）が起きると考えます。以下、各期間と各ステージを簡単に説明します。

図9-3 ブランド・インキュベーション・プロセス

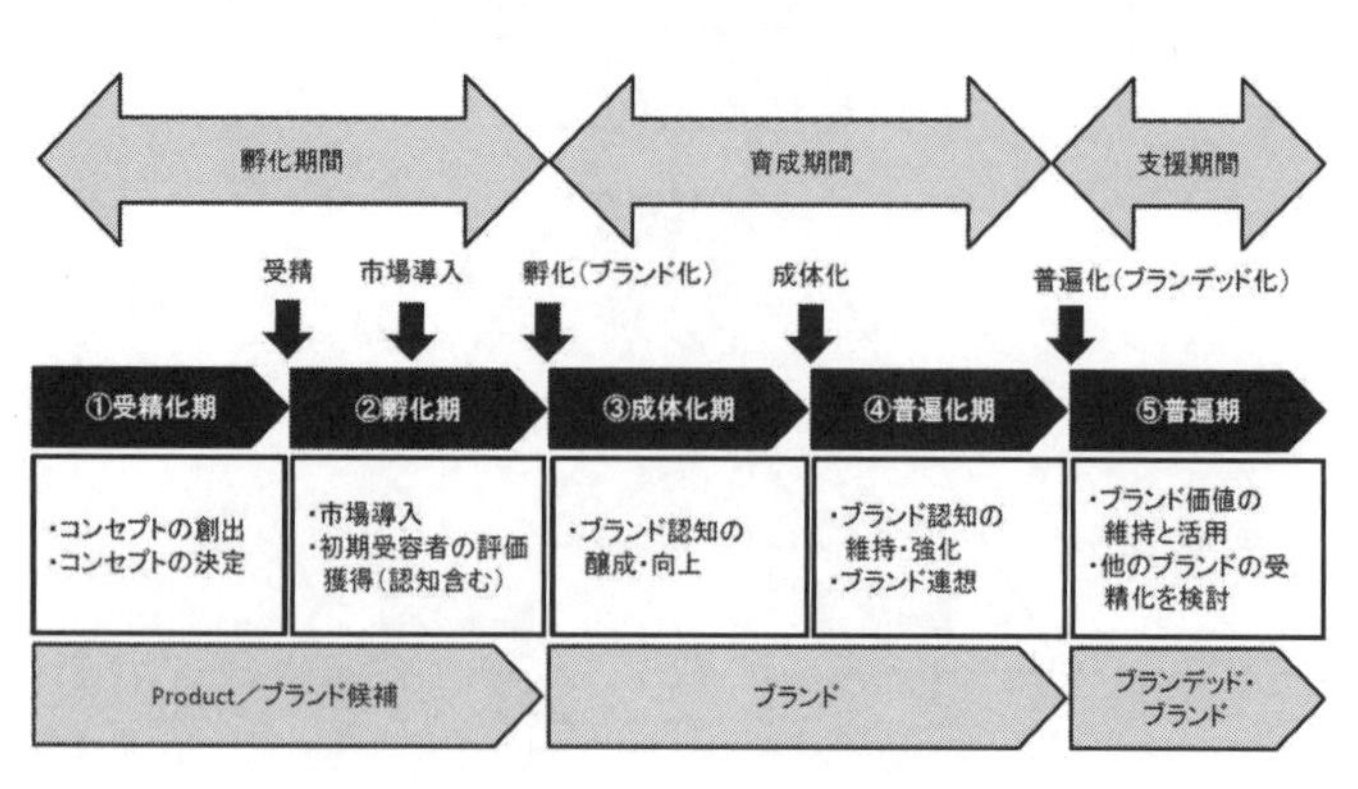

（和田他（2020）より修正して引用）

「孵化期間」には、受精化期と孵化期が想定されます。このプロセスモデルでは、孵化期間はまだブランドとして成立していないと考えます。コンセプトの構想と開発が念入りに行なわれ、取り敢えずの市場導入が試みられるからです。

したがって、ブランド・コンセプトをめぐるアイデアの検討が中心となり、市場導入しても初期受容者の反応を見ながら、それに相応しい中身となるProductの仕様や設計に関する議論を重ね、将来ブランドになりうる候補をめぐる検討作業が中心に行なわれます。

受精化期は、「ブランド化される製品やサービスが開発される前に存在し、その後のブランド価値形成の基盤となる動機づけ（Motivation）、能力（Ability）、機会（Opportunity）が醸成される期間」です。ここでは、受精に至るまでのコンセプトの創出や決定が行われます。受精とは、コンセプトの創出と決定において、さまざまな思いやアイデアが一瞬のうちに結晶化する瞬間です。前章で登場した石井教授は「創造的瞬間（Creative Moment）」と呼んでいます。

孵化期は、「アイデアが具現化し始め、プロダクト・ブランドとして市場導入され、初期の受容者が出現する時期」です（ここでのプロダクト・ブランドは、スタートアップのブランドに置き換えて下さい）。とりあえず、コンセプトが具現化されて市場導入がなされ、それに対する初期受容者からの認知や評価を獲得します。ただし、この段階ではまだ、「ブランド」と認識される程のものではありません。

「育成期間」は孵化によって始まる成体化期と成体化による普遍化期を含みます。孵化とはブランド化のことで、ブランドの誕生を意味します。つまり、市場によって「価値あるブランド」として受け入れられることです。成体化期は、「特定セグメントの受容者に、ブランド価値が認められ成立する時期」です。この期を迎えてはじめて、ブランドがブランドとして独り立ちすると捉えます。供給主体が市場導入するわけですが、真にブランドとなりうるには、市場すなわち消費者からの受け入れが大前提となります。

この大前提をクリアしてはじめて、成体として一人前のブランドになります。成体化をはたして迎える普遍化期は、「ブランド価値が浸透し、特定セグメントを越えた受容と尊重が形成され、ブランド価値が確立する時期」です。ここでは、ブランドの立ち位置や実績を獲得するために、積極的にブランド認知の維持・強化に努めながら、適切なブランド連想の構造を創り上げていく必要があります。

普遍期は、「ブランド価値が広く共有、支持され、受容者間の相互作用が持続的に活性化する時期」です。一般市場からも受け入れられ、第三者からも認知・評価がなされる段階です。

ここで示される「ブランデッド・ブランド」とは、「特定の市場を越え、広く一般に、価値が認められたプロダクト（製品）」を意味します。要するに、定番ブランド、製品カテゴリーの典型となるブランドです。スタートアップのブランドであれば、一人前の企業ブランドとして広く認められることです。ここでのブランドは、次なる世代への引継ぎをするように、それまでに培ったブランドの価値を維持・活用しながら、新しいブランドを生み出すべく、受精化を模索していきます。

エックスモバイルのインキュベーション・プロセス

このインキュベーション・プロセスにしたがって、エックスモバイルのこれまでの展開を追っていきましょう（図9—4）。

受精化期では、東南アジアの国々で目の当たりにした悲惨な状況から、通信・インターネットを通じて世界を変えるというPurpose（企業の存在意義）が芽生えます。同時に、シンガポールのセミナーでのリチャード・ブランソンの講演から「バージンモバイル」というビジネスモデルのひな型を認識します。頭の中には常に、ビクター氏からの「フォーカスだよ」というささやきが鳴り響いています。そして、これまでの失敗に対するリベンジ意識から生まれるもやもやとした感情が、これらを大きく包み込んでいました。そこで、Ｄ７５２２便で隣り合わせた鈴木さんに出会うことにより、創造的瞬間を迎えました。これが、それまでの想いや感情が一気に結晶化される受精として理解できます。

　孵化期では、ＬＣＣ携帯会社というひな型をコンセプトの中心に置き、大胆な投資による洗練されたロゴの作成に挑みました。また、他社のような直接販売方式はとらずに、長期的視点にたつ間接販売方式としての代理店制度を展開しました。この段階では、社名はエックスモバイルでしたが、提供するサービス名は「もしもシークス」という名称であり、本格的なサービス展開を模索しているなかでのひとつのブランド候補で

図9-4　Xmobileのインキュベーション・プロセス

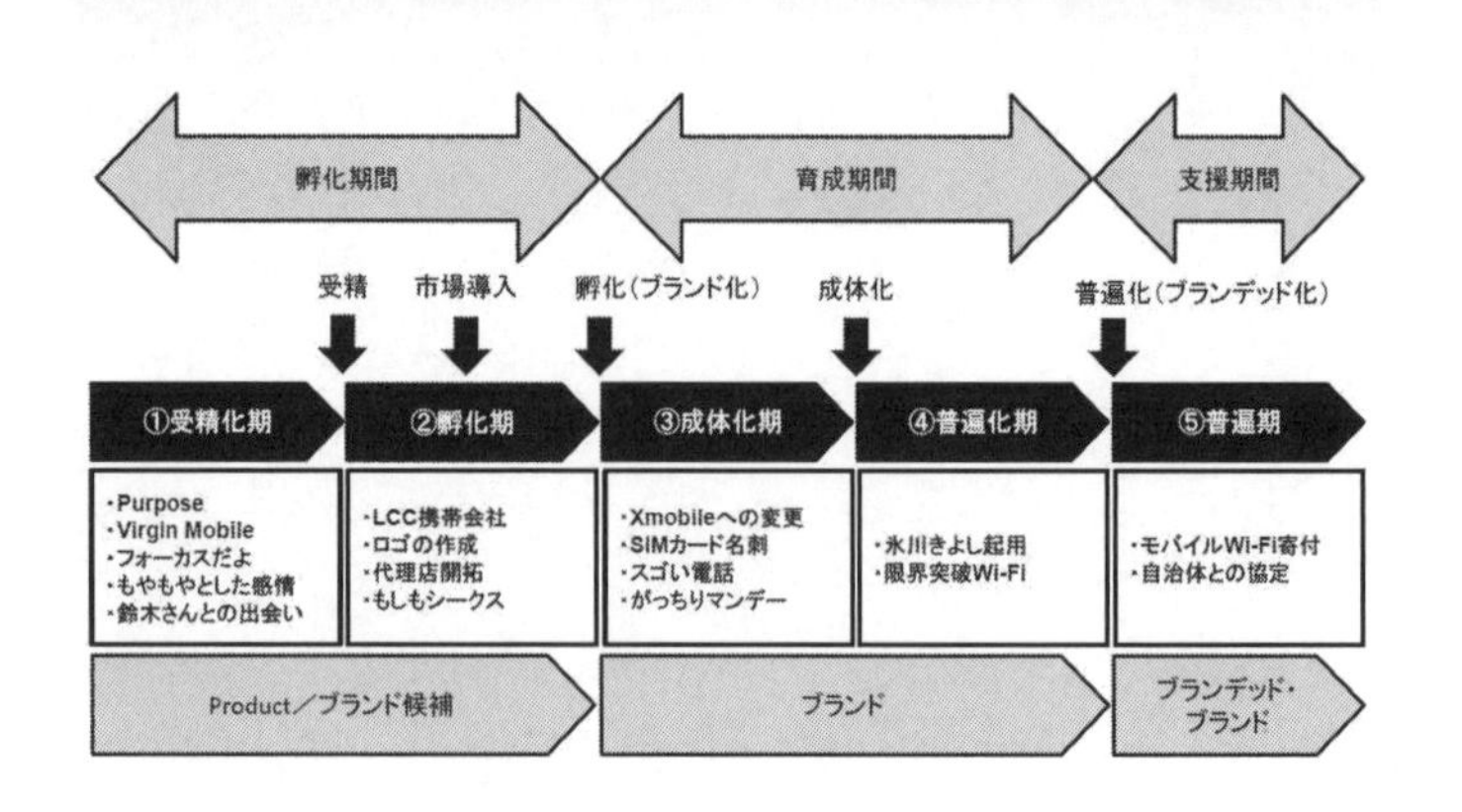

あったと考えられます。

成体化期では、提供するサービス名称を「もしもシークス」から「エックスモバイル」に変更しました。ここではじめて、孵化、すなわちブランド化が行なわれたと考えられます。SIMカード名刺を利用して、ブランド認知の維持・強化を図りつつ、エックスモバイルの製品ブランドともいえる「スゴい電話」の販売を推し進めました。ここで、「がっちりマンデー」をはじめとしたテレビ番組や雑誌などの媒体に頻繁に取り上げられることにより、ブランド認知は醸成・向上していきました。

普遍化期では、「スゴい電話」のもつ振り込め詐欺撲滅効果に共感してくれた氷川きよしさんを起用して、「限界突破 Wi-Fi」を主軸のひとつに据え、「エックスモバイル＝限界突破 Wi-Fi」というブランド連想づくりにも努めました。

普遍期では、２０２０年の新型コロナウィルス感染拡大がもたらした Opportunity による偶有性と考えられる、東村山市の学校へのモバイル Wi-Fi の寄付がありました。これを足がかりにして、文部科学省のＧＩＧＡスクール構想に対応するべく、全国の教育機関や行政機関向けのプランが開発されました。現在は、こうした新サービスを展開しながら、ブランデッド・ブランドを目指して奮闘中という状況であると考えられます。

興味深いのは、やはり「第三の力」が要所要所で働いていることです。受精化期では、偶然に鈴木さんに出会います。そして、鈴木さんに言われたことが大きな力となり、創造的瞬間としての受精を迎えます。また、成体化期では、「がっちりマンデー」や雑誌などのマスメディアに取り上げられたことが大きな力となりました。必ずしも意図されたものではなく、たまたま偶然のOpportunityです。この力が、さらに氷川きよしさんを引き寄せることにもなりました。

さらに、コロナ禍という逆境のなかで、東村山市の学校へのWi-Fi寄付というOpportunityも大きな力になりました。どれも「他でもありうる」という偶有性として理解できるものです。そして、この偶有性から導かれる大きな「第三の力」が、エックスモバイルを「さらに一歩先へ」と後押ししているようです。

しかし、ただ単に「第三の力」を待ち構えているだけではないように思えます。日本での再起業も念頭においた飛行機への搭乗のなかで、そして振り込め詐欺撲滅を願った商品を販売するなかで、さらに積極的な社会貢献としての寄付活動を行なうなかで、次々と重要な

Opportunity が立ち現れます。常に Motivation を高く維持しつつ行動を起こし、Ability のアップデートを図るなかで、訪れるべき偶有性をもたらす Opportunity がやってくるように思えます。こう捉えますと、訪れるべき偶然を必然化させる積極的な行動が、そこにはあったのではないかとさえ解釈できます。すなわち、こうした行動をとる者だけに、偶有性をもたらす Opportunity は立ち現れるのでしょう。経営資源の限られるスタートアップには、見えない経営資源として偶然を認識し、Opportunity を取り込んでいくことが必要なのです。

その４　社会課題へのマーケティング対応

エックスモバイルを立ち上げるにあたり、東南アジアの国々で目の当たりにした悲惨な現実は、木野社長が通信・インターネットによって世界を変えるという Purpose になり、その実現に向けた Motivation に火をつける導火線となりました。

また、「スゴい電話」の販売において強い問題意識としてあったのは、振り込め詐欺撲滅という高齢者支援への熱い気持ちでした。さらに、東村山市の学校へのモバイルWi-Fiの寄付と、その後のＧＩＧＡスクール構想への対応サービスへの展開は、新型コロナウィルスの蔓延によって明確化した日本の通信環境の脆弱性に対する貢献意識というものでした。

ひとつのOpportunityとして眼前に開かれる社会に目を向けるという「社会への認識と関心」をなくしては、社会課題は見つかりません。現在、社会課題への対応がマーケティングには強く求められています。古くは１９７０年代からDemarketing（デマーケティング）として、マーケティングが生み出す社会的弊害が問題視されました。１９８０年代ではソーシャルマーケティングの概念も確立され、マーケティングの生み出した知見を社会的に援用しようという試みがなされてきました（＊6）。２０００年代に入るとＣＳＲ（Corporate Social Responsibility）が叫ばれ、売上の一部を寄付するというコーズ・リレーティッド・マーケティングが実践されてきました。

続いて、社会課題の解決による貢献を強調したＣＳＶ（Creating Shared Value）が注目されました。そして現在では、SDGs（Sustainable Development Goals）という世界共通のベクトルに向けた、社会の中での企業のPurposeが問われています（＊7）。

Purposeは一般に「存在意義」として理解されますが、「企業目的」と理解しても結構です。要するに、社会課題の解決のために、そのPurposeをはたす存在として企業があると認識することです。この議論になるとよく引用されるのが、近江商人の「売り手よし、買い手よし、世間よし」の三方よしです。世間、すなわち社会にもしっかりと貢献しなくてはならないということです。

「ソリューションビジネス」という言葉があります。顧客の抱える問題を解決するビジネスという意味です。社会科学分野では、問題、目的、ニーズは、どれも似たような意味として扱われます。意思決定科学では「問題」、社会学では「目的」、マーケティングでは「ニーズ」が、それぞれよく使用されます。意思決定科学も含む人間の認知的な情報処理を研究する分野では、「問題」は「理想の状態」と「現実の状態」のギャップとしてとらえます。そして、その問題を解決するのがソリューションとなる解決策や解決手段です。

のどが渇いていない「理想の状態」から、のどが渇いている「現実の状態」をギャップとして認識すると「のどの渇きというニーズ」を感知します。そして、これを解決する手段として飲料などが求められます。同様に、「社会的に理想な状態」から「社会的な現実の状態」をギャップとしてとらえると、見い出されるべきPurposeという自社の存在意義が認識できるはずです。どのような理想状態を描くか、そしてどのように現実の状態を認識するかが大きく問われます。

エックスモバイルは、通信・インターネットによる社会貢献をベースとして、振り込め詐欺撲滅や通信環境の改善という社会貢献を目指した企業行動の上にビジネスを展開させています。ここから言えるのは、現在ではSDGsにコミットしてMotivationを高め、必要なAbilityをアップデートさせながら、社会を直視する姿勢をもち行動を起こすことです。こうした行動を重ねるなかで開かれるOpportunityがもたらす偶有性に期待を込めながら、懸命に取り組むことが大事なのではないでしょうか。

〔参考文献〕

（＊1）『ブランド戦略の実際〈第2版〉』、小川孔輔、2011年
（＊2）『ブランド・エクイティ戦略』、アーカー，D.A.、ダイヤモンド社、1994年
（＊3）『戦略的ブランド・マネジメント』、ケラー，K.L.、東急エージェンシー、2000年
（＊4）『ブランド構築と広告戦略』、青木幸弘・岸志津江・田中洋編著、日本経済新聞社、2000年
（＊5）『ブランド・インキュベーション戦略：第三の力を活かしたブランド価値協創』、和田充夫・梅田悦史・圓丸哲麻・鈴木和宏・西原彰宏、有斐閣、2020年
（＊6）『顧客満足型マーケティングの構図：新しい企業成長の論理を求めて』、嶋口充輝、有斐閣、1994年
（＊7）「新連載第1回　SDGsは「広告づくり」の追い風になる　広告人は既にSDGsに取り組んでいる」、梅田悟司、日経広告研究所報310号、58-59頁、2020年

あとがき

どのタイミングで出版するかは、なかなか難しい判断です。木野社長からの「はじめに」にありますように、まさに今回は、「現在進行形で昨日も今日も、もがいている中」での出版となりました。以前、ある重鎮の先生から「出版は半熟卵でよい」と教えられました。完璧を求めるあまりに時間をかけすぎて内容が陳腐化する恐れと、話題性という鮮度を求めて内容が軽薄化する懸念があるからです。今回の出版はどちらも抱えながらも、ちょうどよい半熟卵のように思います。

それは、ブランド・インキュベーション・プロセスになぞらえると、エックスモバイルがブランドとして独り立ちしてようやく育成期間を終え、新たなフェーズと考えられる社会資本への貢献という普遍期に突入したように思えるからです。しかし、まだブランデッド・ブランドという明確な姿は見えておりません。でも、その可能性を大きく感じることができます。そういった意味で、エックスモバイルはまだ半熟卵のようなブランドだと思います。どうぞ皆さんの温かい目で、これからのエックスモバイルを見守っていってあげて下さい。

本書の出版につきましては、出版を快く引き受けていただきました日本地域社会研究所の落合英秋社長と原稿の詳細を確認していただきました大泉洋子さんに、厚くお礼申し上げます。また、著者三人からの原稿の取りまとめ作業をしていただいた本学経営学研究科研究生の天尾美花さんにも大変感謝しております。ここに改めて感謝申し上げます。

これから起業を目指す多くの読者にとって、本書が何らかの示唆を与えることができれば、著者一同の何よりの喜びとなります。そして、第二、第三のエックスモバイルが日本中、そして世界中で次々と誕生することを心より願っております。

最後まで本書をお読みいただきまして、誠にありがとうございました。

２０２１年５月

新倉貴士　法政大学大学院経営学研究科教授

著者紹介

木野将徳（きの・まさのり）

1984年岐阜県出身。2003年県内の高校を卒業後、フランス料理店でコミソムリエ（見習い）を務める。2004年に19歳で起業、27歳迄に10社以上を創業するも失敗し、借金に追われホームレスも経験。その後、いくつかの国を転々とし、マレーシアに移住。エア・アジアエックスの創業者であるトニー・フェルナンデスの影響を受け、通信のLCC、XMOBILE SDN. BHD. を創業。

2013年7月6日に帰国し、ネットカフェで生活しながら、格安携帯会社エックスモバイルを創業した。

鈴木たつお（すずき・たつお）

1969年東京都深川出身。東京都東村山市在住。法政大学大学院経営学博士前期課程修了。産業能率大学大学院経営情報修士課程修了。法政大学大学院イノベーション・マネージメント研究センター客員研究員。

マイクロソフト（株）ＩＴ市場開発部部長、（株）アッカ・ネットワークス（NTTグループ）執行役員ソリューション営業本部長、（株）ウィルコム（現ソフトバンク）執行役員 法人事業本部本部長など、ＩＴ企業でキャリアを積む。ウィルコム勤務時に経営破綻を経験し、役員職として再建に携わった。

退任後、起業。会社経営を行ないながら、法政大学大学院にて新倉教授に師事。選挙マーケティングを研究。その結果を実践に活かすべく、2019年地方統一選挙で東村山市議会選挙に出馬し、見事当選を果たす。キャッチフレーズは「人と企業を呼び込む東村山の営業部長」。

著書に、『ビジネスマンよ 議員をめざせ！』（新倉貴士との共著、日本地域社会研究所、2020年）。

新倉貴士（にいくら・たかし）

1966年神奈川県横須賀市出身。1989年明治大学商学部商学科卒業。1991年横浜国立大学大学院経営学研究科修士課程修了。1995年慶応義塾大学大学院経営管理研究科博士課程修了。1998年慶応義塾大学より博士号（経営学）取得。

関西学院大学商学部教授（1995-2009）を経て、2010年より法政大学経営学部・大学院経営学研究科教授。フロリダ大学（1998）、ペンシルバニア州立大学（1999-2001）にて客員研究員。早稲田大学、明治大学、岡山大学、日本大学、甲南大学などの非常勤講師を歴任。

日本マーケティング学会 常任理事（2021）／日本消費者行動研究学会 会長（2018）編集長（2020）／日本商業学会 関東部会理事（2021）編集長（2015-2016）／日本リテンション・マーケティング協会（特別会員）／一般財団法人樫尾俊雄記念事業財団（評議員）。

主な著書に、『消費者行動論』（青木幸弘、佐々木壮太郎、松下光司との共著、有斐閣、2012年）、『ケースに学ぶマーケティング』（青木幸弘、松下光司、土橋治子らと共著、有斐閣、2016年）など多数。

2006年には、『消費者の認知世界：ブランドマーケティング・パースペクティブ』にて、日本商業学会学会賞・奨励賞を受賞。

今日、不可能でも 明日可能になる。

2021年9月10日　第1刷発行

著　者　　木野将徳（きのまさのり）　鈴木たつお（すずき）　新倉貴士（にいくらたかし）
編集協力　天尾美花（あまおみか）
装丁デザイン　上田聴司（うえださとし）（プラスディーアンドシー合同会社）
発行者　　落合英秋
発行所　　株式会社 日本地域社会研究所
〒167-0043　東京都杉並区上荻 1-25-1
TEL（03）5397-1231（代表）
FAX（03）5397-1237
メールアドレス　tps@n-chiken.com
ホームページ　http://www.n-chiken.com
郵便振替口座　00150-1-41143
印刷所　　中央精版印刷株式会社

ISBN978-4-89022-282-7